| 美丽的地球 |
**Timeless Earth**

*Extreme Altitude*
The
**World's Greatest Mountains**

[意] 斯特凡诺·阿尔迪托　著

平晓燕　译

CTS K 湖南科学技术出版社·长沙

图书在版编目（CIP）数据

美丽的地球 . 高山 /（意）斯特凡诺·阿尔迪托著；
平晓燕译 . -- 长沙：湖南科学技术出版社，2024. 8.
ISBN 978-7-5710-2982-1

Ⅰ . P941-49

中国国家版本馆 CIP 数据核字第 2024MH8797 号


WS White Star Publishers® is a registered trademark property of White Star s.r.l.
2007 White Star s.r.l.
Piazzale Luigi Cadorna, 6
20123 Milan, Italy
www.whitestar.it
Extreme Altitude – The world's greatest mountains


**著作版权登记号：字18-2024-148号**


GAOSHAN

高山

著　　者：[ 意 ] 斯特凡诺·阿尔迪托
译　　者：平晓燕
出 版 人：潘晓山
总 策 划：陈沂欢
策划编辑：董佳佳　焦　菲
责任编辑：李文瑶
特约编辑：林　凌
版权编辑：刘雅娟
地图编辑：程　远　彭　聪
责任美编：彭怡轩
图片编辑：贾亦真
营销编辑：王思宇　沈晓雯
装帧设计：別境Lab
特约印制：焦文献
制　　版：北京美光设计制版有限公司
出版发行：湖南科学技术出版社
地　　址：长沙市开福区泊富国际金融中心 40 楼
网　　址：http://www.hnstp.com
湖南科学技术出版社天猫旗舰店网址：
　　　　　http://hnkjcbs.tmall.com
邮购联系：本社直销科 0731-84375808
印　　刷：北京华联印刷有限公司
版　　次：2024 年 8 月第 1 版
印　　次：2024 年 8 月第 1 次印刷
开　　本：710mm×1000mm　1/16
印　　张：20　　字　　数：364 千字
书　　号：ISBN 978-7-5710-2982-1
审 图 号：GS 京（2024）0910 号
定　　价：98.00 元

位于中国与尼泊尔边境的珠穆朗玛峰（海拔8848.86米）与昆布冰川。

位于意大利和法国边境的毛迪特峰（海拔4465
米）与勃朗峰（海拔4810米）。

阿根廷境内的菲茨罗伊峰（照片右侧，海拔3441米）与别德马湖。

坐落在肯尼亚境内的基里尼亚加峰上的约翰峰（海拔4483米）

# 目录

# Contents

Pii
从尼泊尔欣赏海拔达6887米的鱼尾峰西侧。

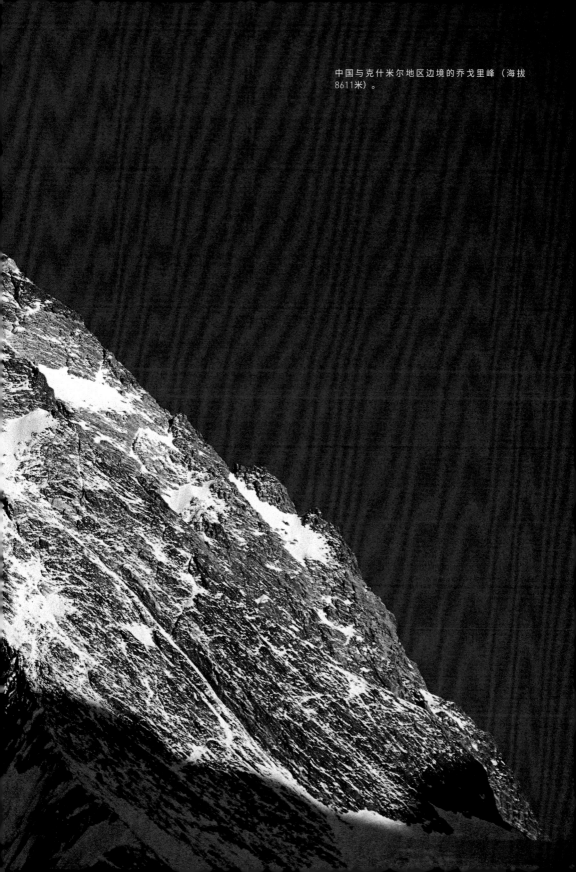

中国与克什米尔地区边境的乔戈里峰（海拔8611米）。

乘坐往返于文森山大本营和爱国者山营地的小型飞机，可以一览南极大陆广袤无垠的冰原，以及孤立的高山和绵延的山脉。

位于美国加利福尼亚州境内的埃尔卡皮坦山（海拔2307米）与默塞德河。

时至今日，人类对高山的热爱究竟持续了多长时间？登山是一项在具有一定难度的登山路线上挑战攀爬岩石和冰面以翻越高山并从中获得乐趣的运动。这项运动诞生于1786年的夏天，当时，沙莫尼原住民、撒丁王国（King of Sardinia）臣民雅克·巴尔马特和米歇尔－加布里埃尔·帕卡德不畏艰险，成功登顶勃朗峰。尽管他们当时更像是探险家，但这段寒冷、艰苦且布满危机的攀登之旅，被正式记录在科学史上（帕卡德的温度计记录了勃朗峰峰顶的温度为-75℃，气压计记录了勃朗峰峰顶的海拔大于4998米，而非实际的4807米）。

一位富有而有文化的日内瓦绅士——霍勒斯－本尼迪克特·德索绪尔，根据这段攀登之旅完成了一部创作，使这次征服"欧洲屋脊"的事件享誉欧洲。在法国大革命和拿破仑战争结束之后，随着和平的回归，阿尔卑斯山脉及其冰川成为游客们大旅游（源于英国，由富有阶层进行的欧洲环游，目的地主要是法国、意大利和希腊等）中最受欢迎的一站。登山运动由英国发展至整个欧洲，尼斯与维也纳之间的山脉也成了登山爱好者的天堂。英国登山俱乐部（British Alpine Club）首任理事长之一的莱斯利·斯蒂芬就是登山运动的狂热支持者之一。

然而，在帕卡德和巴尔马特使用登山杖、带着科学仪器成功登顶勃朗峰之后的200多年里，很多人都在怀疑他们的登顶是否真正标志着登山运动的诞生。事实上，早在几个世纪前，众多有文化的人士，如皮特拉克（甚至罗马皇帝哈德良可能也在其列），就已经通过登顶高峰，对人类和世界进行了反思。

另外，在1492年，安托万·德维尔率领一群法国士兵克服了岩壁上的重重困难，征服了位于韦科尔山脉的艾吉耶山的岩峰。不过他们的这次攀登并没有技术难度，而且攀登陡峭的岩壁并不是为了寻求乐趣，只是服从法兰西国王查理八世的命令。

这些争论在一定程度上是徒劳的。因为人们对阿尔卑斯山脉以及比利牛斯山脉、塔特拉山脉、斯堪的纳维亚山脉、苏格兰的众多高山、巴尔干山脉和亚平宁山脉等欧洲其他山脉的探索，确实是在巴尔马特和帕卡德的登顶之后。时至今日，一年四季都会有数百万欧洲人带着徒步鞋、绳索或滑雪板等前往这些山脉。采尔马特、沙莫尼、加米施－帕滕基兴和科尔蒂纳等地也已经从沉寂的村庄转变为欧洲最独特的度假胜地。

然而，人类对高山的探索并不只为了娱乐。1991年夏天，人们在意大利与奥地利边境的山脊上发现了冰人奥兹（生活在青铜器时代，死于5000年前），这起事件成为国际上的头条新闻，也让公众意识到一个对考古学家来说早已熟知的事实——人类自史前时期就开始频繁出入阿尔卑斯山脉。在第四纪间冰期冰川消退时，在高海拔地区也分布有草场和林地，人类也就开始在海拔较高的山谷地带定居。

奥兹的装备（包括皮革外衣和垫有干草的鞋子、一把燧石匕首、一把铜斧、一张弓和装有14支箭的箭袋、一个装着木炭碎片和一块风干野山羊肉的树皮背包）向人们展示了人类祖先为了应对高海拔地区的生活而开发利用自然资源的技能。

这种情况在地球的其他山脉也同样存在。在气候条件允许的情况下，亚洲的高山居民会在高山谷地中耕种，在海拔高达5029米的地方放牧，依靠马车、骡车或牦牛车的商队穿越喜马拉雅山脉和喀喇昆仑山脉的隘口，以实现中国、印度与中亚诸国之间的贸易往来。

这种情景与在世界另一端的安第斯山脉和其他南美洲高山也极为相似。1520年，征服者埃尔南·科尔特斯派士兵攀登墨西哥第二高的火山——波波卡特佩特火山，其中一部分原因是为了向当地原住民展示欧洲人的优越性。因为自远古时代起，周围山谷的居民就登上海拔5465米的山顶进行祈祷。人们在阿空加瓜山海拔5502米处发现了一具被用来祭献山神的男孩木乃伊。

然而，不只是安第斯山脉能让人产生崇拜之情。数千年来，世界各地的宗教都将巨大的岩石和冰川视为通往天堂的阶梯。当耶和华将方舟安置在阿勒山山顶时，他指挥摩西登上西奈山以接受"神授十诫"。古希腊人相信他们的神灵居住在能俯瞰爱琴海的奥林波斯山山顶。

在亚洲，被视为圣山的有印度尼西亚火山群、日本的富士山、加里曼丹岛（旧称"婆罗洲"）热带雨林中的基纳巴卢山等。坐落于青藏高原的冈仁波齐峰是一座由岩石和冰组成的金字塔形高山，被佛教徒、印度教徒、耆那教徒和雍仲本教的追随者视为世界的中心。喜马拉雅山脉的许多高山，包括安纳布尔纳峰和珠穆朗玛峰等，也都被视为圣山。在整个印度次大陆，远至炎热的斯里兰卡和喀拉拉邦，成千上万的庙宇穹顶都像远山一样指向天空。

在过去的一个世纪里，还有另一个原因激发了人们对高山的兴趣。长久以来，高山不仅因其独特的动植物资源而闻名于旅行者和学者之间，还是许多江河的源头，如印度河、布拉马普特拉河（上游是雅鲁藏布江）、格尔纳利河和萨特莱杰河等都发源于中国西藏的冈仁波齐峰附近。随着人类活动遍及丘陵和平原后，世界上的高山逐渐变得更为珍贵。

自19世纪末约翰·缪尔提出要保护美国约塞米蒂的花岗岩壁、科罗拉多大峡谷和红杉林，人类对地球上高山地区的保护工作开始扩展到全世界大多数地区。虽然如今山地的公路、滑雪道和天线等设施都在不断发展，但全球几乎所有最高、最美丽的山峰都已受到保护。诸如安纳布尔纳

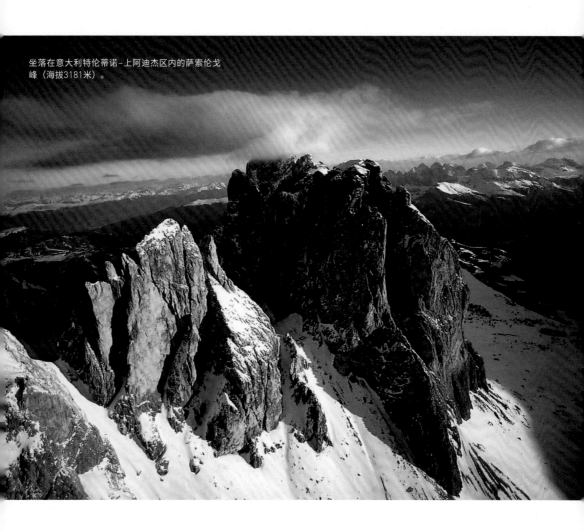

坐落在意大利特伦蒂诺−上阿迪杰区内的萨索伦戈峰（海拔3181米）。

峰、珠穆朗玛峰、乞力马扎罗山、麦金利山、托雷峰和库克峰等高山都已设立了国家公园或保护区予以保护，不过勃朗峰却是个例外（令人意外）。

　　设立这些保护区的目的是保护熊、雪豹和北山羊等野生动物，控制登山者和旅游者的数量，并通过动物学家、植物学家、冰川学家和地质学家的研究工作，加深人们对世界的认识。这些保护区不仅确保了人类饮用水源的纯净，它们的存在也使我们在拥挤的城市外还能拥有一片纯净而神秘的冒险地带。所以，保护荒野高山对全世界人类而言都是非常重要的。

在中国与尼泊尔边境的珠穆朗玛峰（左）与努布策山（海拔7861米）。

位于美国阿拉斯加州的麦金利山。

# 第一章

# 欧洲

EUROPE

世界上最著名和最受欢迎的山脉——阿尔卑斯山脉坐落在欧洲的中心。地球上没有其他山脉像阿尔卑斯山脉一般拥有如此多样的山峰，这里并肩矗立着勃朗峰、马特峰、三大峰、萨索伦戈峰、瓦乔莱特山、特里格拉夫峰、巴迪勒峰和埃克兰山等高山。

从尼斯到维也纳拥有长达1200千米的山脉，片麻岩、花岗岩、白云岩与石灰岩每隔几千米交替出现，形成了独特的岩层。在伯尔尼山、玫瑰峰及其他阿尔卑斯的"小喜马拉雅山"等高山的岩壁两侧是人口稠密的谷地、茂密的森林和众多巨大的冰川，这些冰川也像世界各地的其他冰川一样正在消退。

自古以来，连接法国、意大利、瑞士、奥地利、德国和斯洛文尼亚等国的位于高山脚下的山谷通道就已经为人们所利用。而在阿尔卑斯山脉更高海拔的地区，也能发现人类活动的痕迹。几个世纪以来，偷猎者、走私犯和水晶猎人的足迹已经遍布阿尔卑斯山脉的高山。过去的200年里，这里的每条山脊、岩壁和积雪冲沟都见证了人类在高山上的冒险、争斗和发生的悲剧。

不过，欧洲并不仅仅只有阿尔卑斯山脉。从挪威的高山和苏格兰高地的冰峰，到奥林波斯山和内华达山脉阳光普照的山峰，在欧洲大陆的各个方位都坐落着壮观的山系。例如南部的埃特纳火山、维苏威火山及其他俯瞰着地中海的意大利的火山，还有位于最荒凉地区的欧罗巴山、比利牛斯山脉、亚平宁山脉、巴尔干山脉和塔特拉山脉等，都可以与阿尔卑斯山脉相媲美。

　　每到周末，数百万欧洲人会去高山地区探险和运动。对经过一周繁忙工作的人来说，登山道、滑雪道、岩壁和激流都是能够放松身心的理想场所。但由于欧洲是个人口密集的大洲，因此在往返旅途中不可避免地会发生让人烦心的拥堵。

　　巨大的欧洲山脉不仅仅是人们的游乐场，其中的奥特莱斯山、特里格拉夫峰、拉梅热山、大帕拉迪索山、大格洛克纳山及许多其他宏伟的高山都被划入欧洲一些最大、最重要的保护区范围内。在保护区的冰川与岩石之间，高山草甸和森林是熊、北山羊、岩羚羊、老鹰和秃鹫等珍稀野生动物的栖息地。在勃朗峰和马特峰等未受保护的高山脚下，也生活着珍稀的动植物群。欧洲大陆的高山周围仍保有欧洲独有的自然环境。

| P8 左 | P8 中 | P8 右 | P9 |
|---|---|---|---|
| 矗立在伯尔尼山的孤独的金字塔形高山——比奇峰（海拔3934米）。 | 一支登山队正走向位于法国境内的埃克兰山（海拔4105米）。 | 挪威境内的特罗尔维根峰有着坚固的峰壁，海拔1787米。 | 每到冬季，意大利特伦蒂诺区内的布伦塔多洛米蒂山就会变成积雪覆盖的仙境。 |

# Ben Nevis

## 本内维斯山
英国

北 海
NORTH

本内维斯山
Ben Nevis

英 国
UNITED KINGDOM

大 西 洋
ATLANTIC OCEAN

爱 尔 兰
IRELAND

0    50km

比起阿尔卑斯山脉和喜马拉雅山脉，本内维斯山看起来仅仅是座小山峰，海拔只有1344米，但它仍是不列颠群岛的最高峰。本内维斯山东北部有一面壮观而陡峭的火山岩壁，每年夏天，成千上万名徒步者会沿着距离威廉堡不远的一条非常累人的通道来到这里，攀登这面岩壁。

自19世纪以来，英国的登山者就一直活跃在苏格兰的高山与峡湾之间，并在本内维斯山上开辟了数十条难度不一的登山路线。虽然本内维斯山的几座高峰（尤其是托尔岭）的攀登难度为中级，但迪尔格山（高259米的尖坡）上到处是裂缝、悬崖和垂直的岩石，攀登起来极具挑战性。

冬季，本内维斯山的环境会变得异常严酷。每年的11月至翌年4月，苏格兰高地受到来自大

**P10**
1894年，由诺曼·科利、约瑟夫·科利尔和戈弗雷·索利组成的绳索登山队成功登上了托尔岭，这是一段漫长而惊人的难度适中的攀登。在冬季，这条路线会变成一条具有巨大冰面和冰岩的混合攀登路线。照片中的登山者正在攀登大托尔峰，这是整条路线的关键部分。

**P11 上**
即使在冬季，清晨的阳光也能照射到托尔岭和大托尔峰（位于照片左上方）。托尔岭因大托尔峰而得名。照片右下角可以看到迪尔格山的岩壁，登山者已经在其上开辟出数条极其艰险的登山路线。

**P11 下**
库尔·纳西斯特冰斗位于本内维斯山东北壁的中心位置，登山者已在其上开辟了多条冬季攀登路线。托尔岭清晰的剪影出现在照片的中间位置，其下是被积雪涡流冲击而成的山顶高原。

西洋的水汽和冰冷北风的交替影响，雨水迅速转化为雪，雪又结为冰，这就导致本内维斯山的山脊和岩壁表面在冬季会被一层厚厚的冰层覆盖。19世纪末，哈罗德·雷波恩在本内维斯山开辟了登山路线，其难度远高于同时期勃朗峰的登山路线，从那时起，本内维斯山的冬季攀登活动一直处于世界领先地位。

人们对本内维斯山上那些近乎垂直的冰沟（如零号沟、五点沟）的挑战始于20世纪50年代，而用于攀登垂直冰面的工具（坚固的冰爪和带锯齿状镐尖的短冰镐）直到20世纪60年代才发明出来。近些年来，优秀的冰岩登山者集中挑战了那些覆盖着一层薄冰的岩壁，这要求他们在攀登过程中全力以赴而无暇顾及他人。

自20世纪70年代起，许多来自阿尔卑斯山脉国家的顶级登山者都选择到苏格兰过冬，攀登本内维斯山的山脊、冲沟和冰岩。不过，就算不是登山者，也能欣赏到这些风蚀地貌的美景。在

**P12-13**
即使在夏季气温最高的几个星期，本内维斯山和苏格兰的其他高山上的冲沟依然暴露在大风中。当受到西风和冰冷北风侵袭时，冲沟内会布满冰雪，使登山条件变得格外严酷。

**P13 上**
全世界的登山者都用"苏格兰式混合攀登"来描述在非常陡峭或垂直的冰岩上以及在暴风雪中冰面几乎无法锚定的情况下进行的混合攀登。而这种攀登方式在本内维斯山十分常见。

**P13 下**
从威廉堡沿着狭长而曲折的奥尔特·阿姆威林通道可以到达本内维斯山的北壁，这条通道即使在海拔很低的地区也经常布满积雪。在岩壁的山脚处是以查尔斯·英格利斯·克拉克命名的营地。

晴朗的日子里，常规的登山路线上往往挤满了人，而经过查尔斯·英格利斯·克拉克避难所（当地人称"CIC Hut"）到达山顶的漫长路线，则需要穿过荒凉的区域。从峰顶放眼望去，众多的山脉、山峰、湖泊和山谷间几乎没有人类存在的迹象。实际上，本内维斯山周围的高地是欧洲仅存的几大荒原之一。

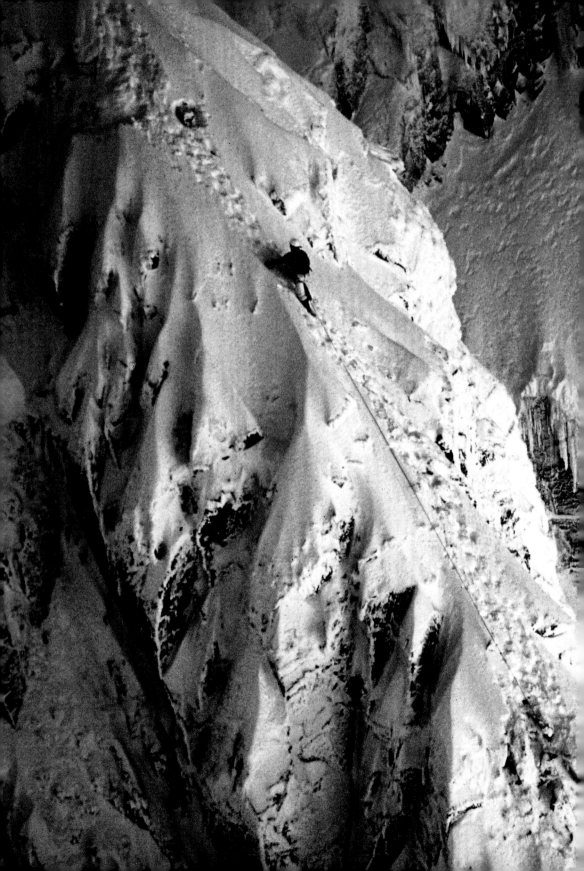

一名登山者正在攀登本内维斯山西北壁被积雪覆盖的混合山脊。从20世纪60年代起，在攀登这种高难度的地方时，登山者会使用攀登垂直冰面时用到的特殊设备。

# Store Trolltind &
# Trollryggen

## 大特罗尔峰和
## 特罗尔里根峰
**挪威**

挪 威 海
NORWEGIAN SEA

斯堪的纳维亚山脉
*Scandinavian Mts.*

波 的 尼 亚 湾
Gulf of Bothnia

大特罗尔峰 特罗尔里根峰
Store Trolltind Trollryggen

挪 威
NORWAY

波 罗 的 海
BALTIC SEA

北 海
NORTH SEA

0    100k

**P16和P17**
积雪和浮云使冷峻的大特罗尔峰和鲁姆斯达尔山谷呈现出童话般的风景。

　　欧洲很少有国家像挪威一样拥有如此多的高山。从俯瞰北海的卑尔根内陆冰川，到峡湾尽头令人印象深刻的花岗岩壁，再到穿过海洋后出露的罗弗敦群岛的陡峭山壁，这条南北走向的山脉绵延了1610千米。如今，罗弗敦群岛上的陡峭山壁极受登山者欢迎。

　　挪威的高山中最高的峰壁位于距离海岸数千米远的特隆赫姆和卑尔根之间，俯瞰着鲁姆斯达尔山谷。大特罗尔峰海拔1788米，特罗尔里根峰海拔1742米。虽然这两座山的海拔不算很高，但低海拔的谷底使得这些山峰的东北侧岩壁的整体高度大于1005米，其中就包括著名的"巨人之墙"——特罗尔维根壁。

　　到19世纪末，人们已征服该地区的主要高峰，但仅限于朝向斯蒂格瀑布一侧的攀登难度不大的岩壁。而首位征服特罗尔维根壁的登山者是挪威登山之父——阿恩·兰德斯·希恩，他于1931年在大特罗尔峰的岩壁上开辟了一条登山路线。27年后，他与拉尔夫-霍伊巴克一起从特罗尔里根峰最左侧的岩壁登上了该峰的东侧支脉。他们这次攀登的高度达1300米，难度等级达到Ⅵ级，因而成为现代斯堪的纳维亚登山运动的开端。

　　20世纪60年代，耸立于鲁姆斯达尔山谷之上的岩壁成为欧洲顶级登山者的热门攀登地。1965年，帕特森、伊莱亚森、埃内森和泰格兰德在这面岩壁的中心地带开辟了第一条路线——挪威路线，而一支英国登山队则首次登上了附近的里蒙路线。1972年，德拉蒙德兄弟利用极为复杂的攀登辅助工具，耗时20天登上了极为险峻的拱形壁。

随后，法国、捷克斯洛伐克、瑞典和西班牙的登山队相继在这些岩壁上留下了他们的足迹，而意大利登山者弗兰科·珀洛托于1980年首次独自登上特罗尔里根峰的东侧柱。在冬季，特罗尔维根壁会变成垂直的冰面，这时候来登山的主要是挪威当地人。而夏季，在鲁姆斯达尔山谷谷底的道路上会有来自欧洲各地的车辆和露营者蜂拥而至。他们一有机会就会抬头仰望那宏伟的岩壁，但很少有人意识到他们正在眺望着欧洲高山攀登的一个传奇。

**P18-19**
对登山者而言，默勒－鲁姆斯达尔郡险峻的片麻岩岩壁极具挑战性。

特罗尔维根壁令人生畏的岩壁印证了它的名字——"巨人之墙"，在斯堪的纳维亚的民间传说中，它象征着被猛兽、怪物所占据的领土的边界。

# Naranjo de Bulnes

## 纳兰霍－德布尔内斯峰
### 西班牙

比斯开湾
Bay of Biscay

坎塔布里亚山脉
Cordillera Cantabrica

纳兰霍-德布尔内斯峰
Naranjo de Bulnes

西班牙
SPAIN

大西洋
ATLANTIC OCEAN

0     60km

　　欧洲最壮观的高山——欧罗巴山矗立在西班牙北部阿斯图里亚斯自治区的中心。距离海边不到16千米的欧罗巴山由于长期受到来自大西洋的水汽的侵蚀，形成了一条石灰岩山脉，山脉上遍布洞窟、冰斗（半新月形或浅口状洼地）和落水洞，并被加甘塔·迪维纳峡谷等巨大的峡谷所切割。虽然该区域属于地中海景观，但这些高山和峡谷常被海雾笼罩，给徒步者造成了严重的定位干扰。

　　欧罗巴山国家公园是西班牙最著名的国家公

**P22 上和下**
坎塔布里亚山脉朝向
大西洋的崎岖北坡上
有积雪残留。

**P23**
纳兰霍－德布尔内斯峰的石灰岩顶峰被早已消失的冰川严重侵蚀。这座高山的形成可以追溯到古生代伊比利亚半岛与非洲板块发生碰撞之前，其名字可能源自其略带橙色的岩石。

园之一，这里是多种野生动物的家园，如岩羚羊、兀鹫、胡兀鹫、金雕、游隼和雕鸮（雕鸮是欧洲最强大的夜间捕食者）等，还有野生矮种马和比利牛斯鼬鼹（鼹科的一种，生活在森林里，是生性胆怯的小型食虫动物）等具有重要科学价值的野生动物。

欧罗巴山的最高峰是切雷多山（海拔2648米），但最优雅、最著名的要数纳兰霍 – 德布尔内斯峰（海拔2519米），连伊比利亚的登山者也认可这一点。纳兰霍意为"橙色"，它的南壁和西壁几乎呈垂直状，并由异常坚硬的石灰岩构成，上面纵横交错着数十条复杂的登山路线，这些路线长期以来都是西班牙登山者的训练场。实际上，几乎所有伊比利亚最优秀的登山者都曾在这些岩石上留下足迹。例如：1962年，阿拉贡人欧内斯托·纳瓦罗和阿尔贝托·拉巴达征服了纳兰霍 – 德布尔内斯峰的西壁，但一年后他们在攀登艾格尔山时不幸遇难；1973年，西泽·佩雷斯·德图德拉与同伴完成了对西壁的首次冬季攀登；1983年，来自穆尔西亚的乔斯·路易

**P24-25**
欧罗巴山坐落于欧罗巴山国家公园的埃尔西纳湖旁。

**P25 上**
纳兰霍－德布尔内斯峰位于欧罗巴山的中心，海拔2519米，是伊比利亚登山者最崇敬的高峰。

**P25 下**
纳兰霍－德布尔内斯峰西壁的风景非常优美，其中有一段高达500米的极为陡峭的岩壁。

斯·加莱戈和米格尔·安杰尔·加莱戈在不使用岩石栓的情况下成功攀登了西壁最突出的部位——他们这次的登山路线被称为"苏恩诺斯·德因威尔诺路线"，需要在岩壁上停留69天。

1904年，来自阿斯图里亚斯自治区比利亚维西奥萨的唐·佩德罗·皮多侯爵及其向导格雷戈里奥·佩雷斯完成了纳兰霍峰难度较高的西北壁的首次攀登。这次攀登标志着伊比利亚登山运动的诞生。在攀登之前，侯爵在日记中这样写道："如果有一天外国登山家率先把他们的国旗插在纳兰霍－德布尔内斯峰这个我最爱的岩羚羊狩猎场上，我和我的同胞将会感到非常的尴尬！"

# Barre des Écrins & La Meije

# 埃克兰山和拉梅热山
## 法国

拉梅热山
La Meije ▲

埃克兰山
Barre des Écrins

法国
FRANCE

亚得里亚海
ADRIATIC SEA

地中海
MEDITERRANEAN SEA

0    60km

　　阿尔卑斯山最荒凉的冰山之一坐落在罗纳河谷和意大利边境之间，全部位于法国境内。瓦桑荒原中约有50条冰川和数十座海拔3048米以上的山峰。自1973年起，这片区域被划入埃克兰国家公园（面积约917平方千米），是数千只岩羚羊、数百只北山羊和40对金雕的家园。近些年来，狼和胡兀鹫也相继出现了踪影。

　　在登山者感兴趣的众多高峰（如佩尔武峰、迪博纳峰、埃尔弗罗伊德峰和奥朗峰等）中，有两座是与众不同的，埃克兰山便是其中之一。埃克兰山是阿尔卑斯山脉最南端海拔在3900米以上的高山，以海拔4101米耸立于勃朗冰川和瓦卢伊斯峡谷之上。1864年，马特峰的征服者——爱德华·温珀与向导米歇尔·克罗、克里斯琴·阿尔默首次登上埃克兰山，他们注意到这

**P26**
沿着埃克兰冰川上的福里奥岩丘常规登山路线攀登，站在福里奥岩丘的巨型冰塔上可以看到埃克兰山的北壁。

**P27 上**
这张照片拍摄于中央高原的莱里埃湖湖边，远处可以看到整座拉梅热山，还有塔布切特冰川、梅热冰川和拉托冰川。从照片可以看出，莱里埃湖是欣赏埃克兰山北壁风景的最佳地点之一。

**P27 下**
从埃克兰山的避难所拍摄的这张照片中，远处右侧可以看到埃克兰山壮观的北壁。

**P28 上**
埃克兰山是阿尔卑斯山脉最南端的"4000米"高山，北壁被冰覆盖，西壁岩石壮观。朝向瓦桑堡和格勒诺布尔的西壁俯瞰着拉贝拉尔德村庄和韦内恩峡谷。

**P28 中**
在冬季，俯瞰着瓦尔高德马尔的奥兰峰（海拔3547米）显得更为可怕。1934年，朱斯托·杰瓦苏蒂和卢西恩·德维斯征服了奥兰峰的北壁。

**P28 下**
埃克兰国家公园的海拔为800～4100米。

**P28-29**
孤寂的尚索尔盆地四周均为圆且相对平缓的山峰，是埃克兰国家公园的西南边界。这一地区因其富饶的牧场而闻名，是国家公园内最早发现有狼回归的地区。

座山峰有着不同于其他高山的惊险地形，从峰顶可以欣赏到浩瀚的景观。

在春季，数百名登山爱好者和滑雪爱好者经常沿着常规登山路线轻松抵达次高峰内日山（海拔4015米）。这条攀登瓦桑地区最高峰的路线，最后一段是危险的山脊。岩石的易碎性使得人们只能从南柱攀登，其他路线都不可行，但那段超过1000米的路线攀登难度也极大。

拉梅热山却是另一番景象。其最北侧的巨大岩壁俯瞰着拉格拉沃村庄，其最高点是格朗峰（海拔3982米）。从格勒诺布尔到布里扬松的公路上可以清晰地看到它，它是阿尔卑斯山脉中最后被征服的高山。拉梅热山的首次攀登是由一支法国人组成的登山队完成的，领队是伊曼纽尔·布瓦洛·德·卡斯特诺，向导是皮埃尔·加斯帕德父子。

　　拉梅热山已相继开辟了50多条难度渐增的登山路线，所有的路线都非常壮观。其中，奥地利登山者路德维希·珀思谢勒、奥托·席格蒙迪和埃米尔·席格蒙迪于1885年横穿了山脊。1912年，伟大的科尔蒂纳带领安杰洛·迪博纳开辟了一条重要的登山路线。而拉梅热山的其他登山史几乎全由法国登山者创造。比如，巴黎登山家皮埃尔·阿兰和雷蒙德·伦宁格在1935年沿一条非常便捷的路线穿过雄伟的岩壁，登上了格朗峰的南壁。

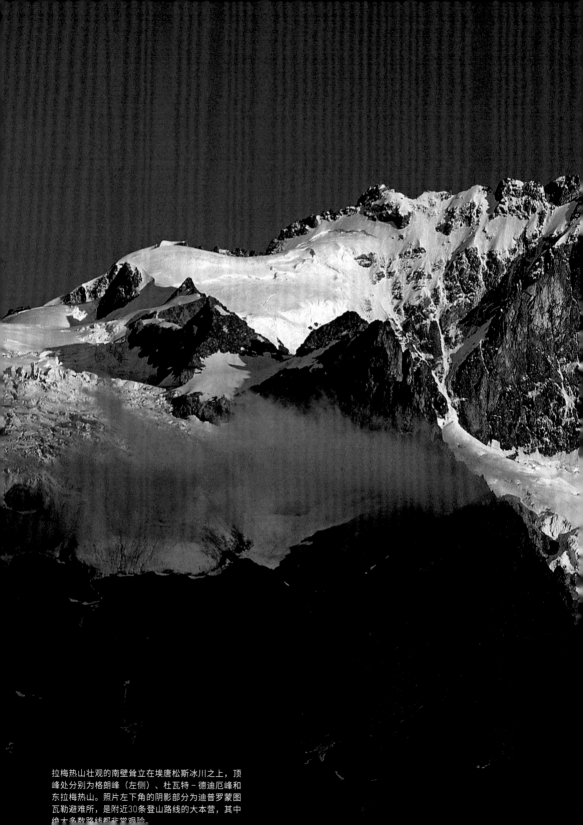

拉梅热山壮观的南壁耸立在埃唐松斯冰川之上，顶峰处分别为格朗峰（左侧）、杜瓦特－德迪厄峰和东拉梅热山。照片左下角的阴影部为迪普罗蒙图瓦勒避难所，是附近30条登山路线的大本营，其中绝大多数路线都非常艰险

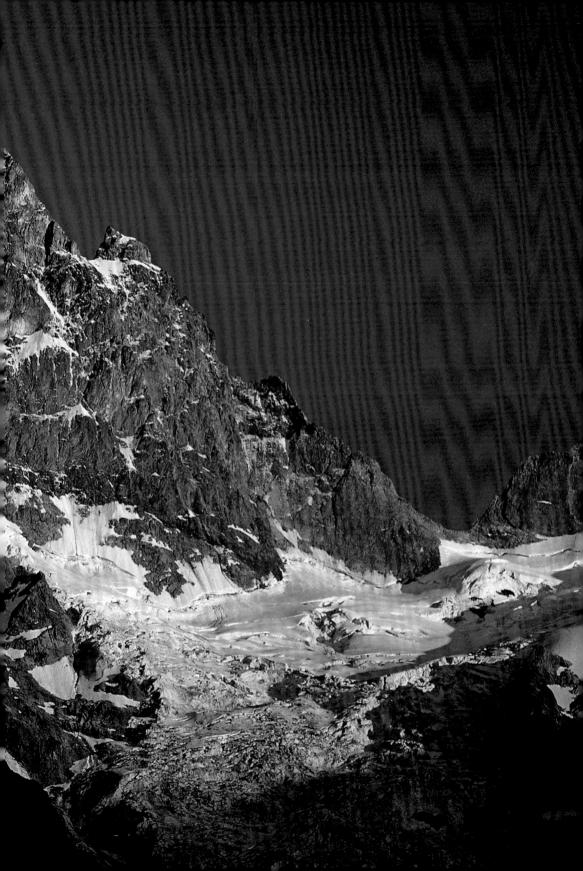

# Mont Blanc

# 勃朗峰
意大利—法国

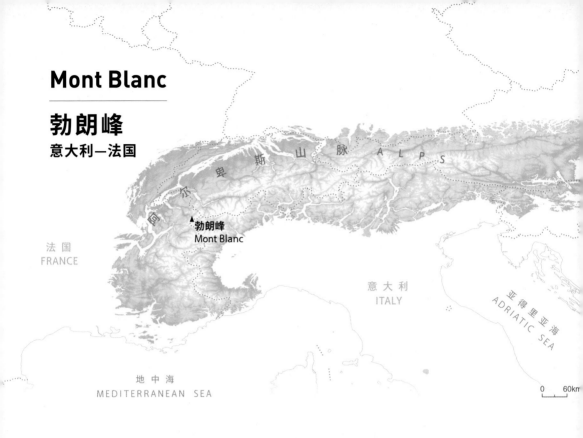

法国
FRANCE

▲勃朗峰
Mont Blanc

意大利
ITALY

亚得里亚海
ADRIATIC SEA

地中海
MEDITERRANEAN SEA

0    60km

**P32**
大若拉斯山的顶峰为沃克峰（海拔4206米），其北壁在山脊另一侧变得极为陡峭。沃克峰两侧是玛格丽塔峰、埃琳娜峰、克罗兹峰和温珀峰等。

**P33**
冬季的一场暴风雪给沙莫尼峰包裹上一层冰壳。这段山脉俯瞰着阿尔沃河谷，具有阿尔卑斯山脉中风景最好的花岗岩景观。照片从左至右依次是锡索克斯峰、福峰、鳄鱼峰、普兰峰。

　　勃朗峰坐落在阿尔卑斯山脉的西北角，位于意大利瓦莱达奥斯塔区、法国上萨瓦省与瑞士瓦莱州的交会处，是欧洲最高、最壮观的高山。在两个多世纪的时间里，由勃朗峰上的花岗岩壁、喜马拉雅式冰川、溪流、云杉林，以及见证了人类历史的瑞士小木屋和牧场等组成的景观，一直受到旅行者和登山者的赞誉。

　　勃朗峰的顶峰也叫"勃朗峰"，海拔达4810米，呈圆顶状，被积雪覆盖。但由于每年冰川
的消融，顶峰变得越来越尖。其周围的26座海拔超过4000米的高峰，为全世界的登山者提供了
攀登场地。比奥纳塞峰、毛迪特峰、巨人峰和大若拉斯山矗立在法国和意大利边界的山脊上，而
布兰奇－珀特雷峰完全位于意大利境内，塔库勒勃朗峰和韦尔特峰则位于法国境内。不过，在这
片自然荒野中，国境线的概念毫无意义，来到这里的人常常觉得自己是入侵者。

　　勃朗峰的登山史始于1786年8月8日，来自沙莫尼的勘探者雅克·巴尔马特和医生米歇尔－
加布里埃尔·帕卡德在穿过拉科特山的森林和勃朗峰北壁危险的冰川后，终于在下午晚些时候到
达勃朗峰顶峰，成功实现了勃朗峰的首次登顶。他们在攀登过程没有使用结绳、冰爪和冰镐等工
具，这使得他们的攀登非同一般。

　　对历史学家而言，帕卡德和巴尔马特的这次登顶标志着登山运动的诞生。1787年，霍勒
斯－本尼迪克特·德索绪尔与18名向导和搬运工再次踏上了这条攀登路线。这条路线在滑铁卢战
役和欧洲恢复和平后开始流行。19世纪下半叶，人类开始了对勃朗峰的全面挑战，并在朝向圣热
尔韦和库马约尔一侧的峰壁上开辟了通往勃朗峰顶峰的路线。

　　1865年，英国登山家G.S.马修斯、A.W.穆尔、F.沃克和H.沃克在雅各布·安德雷格及梅尔基奥尔·安德雷格的引导下，攀登了布伦瓦尖坡异常陡峭的冰壁。19世纪80年代，岩石攀登在勃朗峰首次亮相。人们相继征服了德鲁峰、巨人峰和格雷蓬峰等高山。从珀特雷峰开始，勃朗峰的主峰上都是厚重的积雪和岩石山脊。1893年，一支由向导埃米尔·雷伊带领的登山队登上了珀特雷峰。

　　两次世界大战期间，在多洛米蒂山和阿尔卑斯山麓的石灰岩壁上所训练出的新一代登山者

征服了勃朗峰的巨大岩壁，如大若拉斯山北壁和努瓦尔－珀特雷峰的南侧山脊。登山者在勃朗峰上还相继开辟了其他冰岩混合登山路线。但直到20世纪60年代，勃朗峰的最高峰才被意大利人沃尔特·博纳蒂（出生于隆巴尔德，被选举出来的库马约尔向导）、法国人勒内·德斯梅森和皮埃尔－梅兹奥德及英国登山家克里斯·博宁顿和唐·威兰斯所征服。

20世纪70年代，岩石攀登和冰面攀登的技术都有了较大发展。瑞士登山家米歇尔·皮奥拉和同伴在沙莫尼峰和大卡普辛山的花岗岩上开辟出独特的攀登路线，而冰岩登山家琼－马克·博伊文、詹卡洛·格拉西和帕特里克·加巴罗则在"老"勃朗峰峰壁上发现了数十条岩沟和通道。

尽管在群山和冰川脚下建立一个国家公园的计划暂被搁置，但岩羚羊和北山羊的数量却在持续不断地增加。一个自然保护区网络致力于保护勃朗峰西坡及其各山峰。每年都会有数千名徒步者完成勃朗峰的环线穿越，这些壮观的高山景色令徒步者着迷。

---

**P34-35**
巨人峰（照片左侧）是勃朗峰最具特色的花岗岩峰之一，海拔4012米，基部为积雪覆盖。在其右侧是罗什福尔峰（海拔4001米），远处是韦尔特峰和德鲁峰。

**P35**
作为阿尔卑斯山脉最长的冰川之一，冰海冰川蜿蜒流向阿尔沃河谷和沙莫尼小镇。巨人峰、巨人山口和勃朗峰在背景中非常突出。冰海冰川向东流并与莱斯乔克斯冰川（照片左侧）汇合。

这张航拍照片显示出布兰奇河谷的巨大冰隙，它始于勃朗峰的最高点，往下一直延伸到冰海冰川和沙莫尼小镇。背景部分是勃朗峰（左侧）、白雪皑皑的固特尔山和尖尖的南峰。

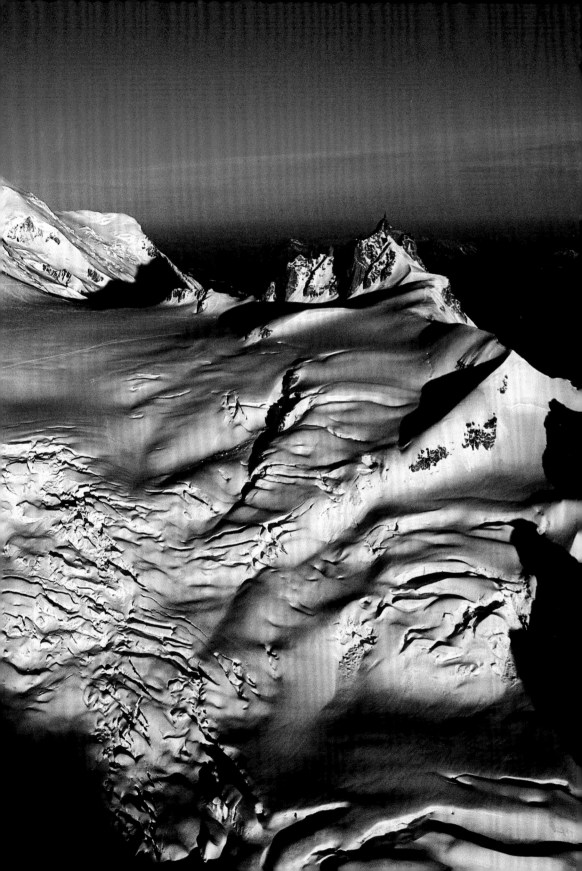

# Matterhorn

## 马特峰
### 意大利—瑞士

虽然在谈到高山时，人们首先想到的是珠穆朗玛峰，但马特峰（在意大利被称为切尔维诺峰）那冰封金字塔形的轮廓无疑是最让人感到熟悉的高山形象。这座海拔4478米的高山将瑞士瓦莱州的采尔马特和意大利瓦尔图南什的布勒伊牧场隔开，20世纪30年代，人们在布勒伊建立了切尔维尼亚度假胜地（夏季和冬季）。

在瑞士一侧，马特峰呈规则的金字塔形，其四面峰壁分别被赫恩利山脊、弗吉根山脊、利昂山脊和兹姆特山脊隔开，从小马特峰、格里吉亚峰和戈尔纳峰的观景平台上可以俯瞰兹姆特冰川和戈尔纳冰川。马特峰上的岩石易碎，因此人们只能沿着这些山脊才能登顶。

每年8月，当积雪融化到露出裸露的岩石时，会有数十个登山队经由赫恩利山脊到达山顶的空中山脊，这是从采尔马特出发的常规登山路线。而经由利昂山

**P38**
余晖照亮了马特峰的尖峰及其荒凉而易碎的西壁。廷德尔峰（海拔4241米）的岩脊在云层中突显出来，其上蜿蜒交错着马特峰的意大利常规登山路线。

**P39 上**
清晨的阳光照亮了马特峰的东壁和作为常规登山路线的山脊。照片右侧可以看到布朗什峰的冰脊。

**P39 下**
冬季的积雪覆盖了马特峰山脚的山坡及其北壁，却无法掩埋东壁的岩石三角区。在照片的右侧可以看到陡峭的"兹姆特鼻"和壮观的兹姆特山脊（在天际线位置），其上有一条经典的登山路线。

脊登顶，则是意大利的一条常规登山路线，攀登难度相对更大，还要在危险的卡帕纳·卡雷尔避难所过夜，因此这条登山路线并不太受欢迎。近些年来，山体滑坡使得这条路线变得愈加危险，瓦尔图南什的向导不得不采取复杂的措施来固定新的结绳并移除岩壁上的碎石。

　　尽管已过去了一个半世纪，征服马特峰仍然是世界登山史上最著名的事件之一。1865年7月14日，一个7人登山队成功登顶马特峰。尽管沙莫尼向导米歇尔·克罗是队伍中第一个站在马特峰峰顶的人，但领队爱德华·温珀登上了最高峰，且其在前几个夏天已经尝试了8次登顶马特峰。温珀与瓦莱达奥斯塔向导琼－安托万·卡雷尔曾数次尝试从利昂山脊攀登马特峰，但他最终是从赫恩利山脊登顶马特峰。这个登山队的成员除了温珀和克罗，还有弗朗西斯·道格拉斯、查尔斯·赫德森牧师、小洛德·哈多和采尔马特向导彼得·陶格沃德父子。

但他们在下山的路上发生了悲剧。哈多在最陡峭的路段滑倒，把克罗撞下了山坡，赫德森和道格拉斯也随之被拖下山，导致道格拉斯与陶格沃德和温珀之间的结绳断裂。最终，克罗与团队中其他三名英国队员不幸遇难，只有温珀和两名瑞士向导幸存。几名遇难者被葬在采尔马特公墓，至今仍有许多人去祭奠他们，附近的阿尔卑斯山博物

**P40**
马特峰的巨型岩石和积雪山体随着海拔升高逐渐变窄，在峰顶处形成空中山脊。山顶两侧的岩石非常陡峭，攀登难度很大。攀登意大利常规登山路线（左侧，阳光和阴影之间）时需要借助结绳和绳梯。

**P40-41**
每到冬季，马特峰山坡上的高山花卉和草地都会被积雪覆盖，取而代之的是纵横交错的阿尔卑斯山脉最好的滑雪道。即便如此，马特峰仍被认为是全球最美丽的高山之一。从拍摄地附近的格里吉亚峰开始，向下滑雪可以到达采尔马特和切尔维尼亚。

馆（位于切尔维尼亚）还陈列着他们遇难时断裂的结绳和其他遗物。

　　尽管1865年这场以悲剧结尾的征服之旅给马特峰的登山史留下了不可磨灭的印记，但其登山史仍在继续书写，以有计划地征服山脊和峰壁为标志。在温珀结束攀登之旅的三天后，卡雷尔和几个当地向导组成的登山队登上了利昂山脊，这条路线如今是从切尔维尼亚出发的马特峰常规登山路线。1879年，另一名英国登山家艾伯特·弗雷德里克·马默里与瓦莱向导亚历山大·伯格纳一起攀登了兹姆特山脊。1911年，马里奥·皮亚琴察和向导琼-约瑟夫·卡雷尔、约瑟夫·加斯帕德一起攀登了弗吉根山脊。

　　1931年，巴伐利亚的弗朗兹·施密德和托尼·施密德兄弟登上了马特峰的北壁——从采尔马特可以清晰地看到这面被冰覆盖的峰壁。1965年，沃尔特·博纳蒂独自一人在这面峰壁上开辟了一条登山路线。5年后，两名意大利登山家——利奥·切鲁蒂和亚历山德罗·戈纳登上了北壁右侧悬伸出来的"兹姆特鼻"。在接下来的数年里，其他欧洲登山运动的著名人物，如米歇尔·皮奥拉和帕特里克·加巴罗等，都相继在"兹姆特鼻"上开辟了登山路线。

　　马特峰的名气使其成为各类冒险活动的举办地，如1970年，两名瑞士向导在一天之内连续攀登了4座山脊。此外还有对攀登速度的极限挑战，当前的纪录保持者是皮埃蒙特的登山家瓦莱里奥·贝托杰里奥，他从布勒伊出发往返马特峰顶峰仅用了4时16分20秒。马特峰这座具有"欧洲最宏伟岩壁"之称的高山的登山史仍在持续更新。

# Monte Rosa

## 玫瑰峰
### 意大利—瑞士

在意大利和瑞士边界的彭尼内山脉的核心地带，坐落着一座能让人联想到喜马拉雅山脉的高山——玫瑰峰（在瑞士被称为杜富尔峰）。玫瑰峰海拔4634米，是阿尔卑斯山脉的第二高峰。玫瑰峰朝向马库尼亚加村庄的一侧峰壁极为壮观。天气晴朗时，在皮德蒙特平原和伦巴第平原就能看到玫瑰峰；而在万里无云的晴天，甚至在米兰都能看到其积雪覆盖着的山体。

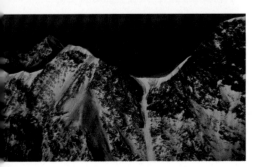

**P42 上**
因德伦冰川和朝向格雷索内的因德伦峡谷之上耸立着文森特金字塔峰（海拔4215米，图左）和乔达尼峰（海拔4046米），这两座山峰的轮廓极为明显。起始于阿拉尼亚的缆车使其成为玫瑰峰最受欢迎的山峰。

**P42 下**
塞西亚山的冰冷山口位于陡峭的积雪冲沟的顶部，将齐格纳尔峰（右侧）的岩石与帕罗特峰的山脊隔开。

**P43**
雄伟的玫瑰峰的东壁俯瞰着安扎斯卡峡谷和马库尼亚加，是阿尔卑斯山脉中最高、最宏伟的山峰之一。不论是1872年沿东壁的首次登顶，还是1979年从东壁完成滑雪下撤，这面遭遇多次巨大雪崩的奇特岩壁甚至赢得了专业登山家的尊重。

　　连接玫瑰峰和马特峰的山脊还有一系列海拔超过3962米的高峰，如利斯卡姆峰、卡斯托尔峰、波卢克斯峰，以及布莱特峰的四座山峰。这四座山峰分别高耸于瑞士的采尔马特，意大利的切尔维尼亚峡谷、格雷索内峡谷和阿亚斯峡谷上。在玫瑰峰的顶峰山脊上可以俯瞰马库尼亚加、阿拉尼亚和格伦茨冰川，顶峰是杜富尔峰，两侧分别为诺登德峰（海拔4609米）、朱姆斯坦峰（海拔4563米）和齐格纳尔峰（海拔4554米，在意大利被称为格尼费蒂峰）。

　　对欧洲许多著名的文化人而言，玫瑰峰气势磅礴的峰壁甚至比勃朗峰更具吸引力。1511年，列奥纳多·达·芬奇从皮埃蒙特一侧的波峰上看到过玫瑰峰。18世纪末，日内瓦登山家霍勒斯－本尼迪克特·德索绪尔沿着达·芬奇攀登勃朗峰的路线，登上了位于安扎斯卡峡谷和塞西亚峡谷之间的海拔3215米的比安科峰，并环绕山峰一周。

　　第一批冒险登上冰川前往玫瑰峰峰顶的登山家来自皮德蒙特区和瓦莱达奥斯塔区。1778年，根据维尔洛内峡谷（被冰川环绕的"遗失的峡谷"）的传说，7名来自格雷索内的年轻人登上了利斯山和恩特代克孔格费尔斯山（"探索之石"），从后者可以俯瞰采尔马特峰壁。1819年，他们中的一员约瑟夫·朱姆斯坦登上了现在以其名字命名的高峰。1842年，由阿拉尼亚牧师乔瓦尼·格尼费蒂率领的一个登山小组首次登上了齐格纳尔峰（在意大利被称为格尼费蒂峰）。

在接下来的两个世纪里，人们陆续登上了玫瑰峰的各个峰顶和山脊。1855年，英国登山家查尔斯·赫德森、约翰·伯克贝克、E.J.斯蒂芬森、J.G.斯迈思、C.斯迈思与瓦莱向导J.祖格陶格沃德、M.祖格陶格沃德和乌尔里克·劳恩纳一同登上了杜富尔峰。

1872年，另外三名英国登山家理查德·彭德尔伯里、威廉·彭德尔伯里和查尔斯·泰勒，由加布里埃尔·斯佩希坦豪瑟、费迪南德·伊姆森和乔瓦尼·奥伯托带领，在玫瑰峰东壁开辟了第一条登山路线。

8年后，意大利登山家达米亚诺·马林利与登山向导费迪南德·伊姆森、巴迪斯塔·佩德兰齐尼在玫瑰峰东壁的一场雪崩中遇难。1893年，意大利登山俱乐部（Italian Mountaineering Club）在齐格纳尔峰上建立了欧洲海拔最高的避难所，并以玛格丽塔王后的名字来命名。

近年来，登山运动的最新流行趋势也在玫瑰峰得到了体现。1979年，热那亚人（Genoese）斯特凡诺·德贝内代蒂在玫瑰峰东壁完成了滑雪下撤。1986年，瑞士登山家埃哈德·罗瑞坦和安德烈·乔治斯历时18天，完成了环绕采尔马特的一系列山峰（包括30座海拔

**P44-45**

虽然没有从南部平原看到的景
象那么令人印象深刻（平原之
上的山峰平均海拔超过4390
米），但从海拔的角度来看，
玫瑰峰的景观依然令人惊叹。
玫瑰峰独特的构造使其在一片
相对较小的区域内包含了20
座海拔超过3962米的高峰，
使这里看起来像一个独立于阿
尔卑斯山其他山脉的巨型高
原。玫瑰峰是阿尔卑斯山脉的
第二高峰，同时也是瑞士的最
高峰。

**P45 上**

齐格纳尔峰是玫瑰峰的第四高
峰，在海拔4559米处有卡帕
纳·玛格丽塔塔避难所，该避难
所修建于1893年，并于1980
年重建。

**P45 下**

从照片右侧可以清晰地看到耸
立于意大利和瑞士边界、在玫
瑰峰和马特峰之间的利斯卡姆
峰、卡斯托尔峰、波卢克斯峰
和布莱特峰等。从采尔马特出
发的一条齿轨铁路能欣赏到戈
尔纳峰令人惊叹的景观。

4000米以上的高峰）的冬季穿越。

当然，登山运动只是玫瑰峰故事的一部分。从19世纪开始，就有经验丰富的登山队到
玫瑰峰冒险，例如穿越利斯卡姆峰和锡格纳尔山脊。现在，每年夏天都会有数千人爬上利
斯冰川，向着玫瑰峰高耸的山峰前进。

尽管通往采尔马特峰壁的玫瑰峰营地——历史上著名的"贝唐普斯营地"的道路需要
穿越戈尔纳冰川，但从马库尼亚加出发，有一条穿越贝尔韦代雷冰川的冰碛石的路线可以
到达东壁的山脚，这条路线相对轻松。在其他难度较低的登山路线上，游客可以在塞西亚
峡谷之上欣赏到瀑布和高山草甸。这里是皮德蒙特地区最好的公园，为鹰、岩羚羊和北山
羊提供了保护。

# Jungfrau, Eiger & Mönch

## 少女峰、艾格尔山
## 和门希峰
### 瑞士

少女峰、门希峰和艾格尔山肩并肩耸立在因特拉肯和伯尔尼的地平线上，在瓦莱州北部形成一条如堡垒一般的山脉，将瓦莱州与瑞士的中心地带分隔开，俯视着伯尔尼山最壮观的山谷。在朝向格林德尔瓦尔德、米伦和文根的一侧，这三座高山俯瞰着布里恩茨湖和图恩湖所在的狭窄山谷。

海拔4158米的少女峰（在德语中是"处女"的意思）是三座高山中最高的，其令人惊叹的冰壁俯瞰着白吕契嫩河谷。在少女峰东部，呈三角形的门希峰（意为"僧侣"，海拔4107米）俯视着格林德尔瓦尔德，其混合岩壁的一侧是圆形的埃斯诺伦山脊（即"冰鼻"）。然而，在长达半个多世纪的时间里，海拔最低的艾格尔山（意为"食人怪"，海拔3970米）才是伯尔

**P46**
门希峰、少女峰和艾格尔山构成了一个三角形，门希峰在中间。在照片右侧，具有奇特外形的埃斯诺诺伦山脊（"冰鼻"）上有一条经典的登山路线。这张照片拍摄于一个晴朗冬日的日落时分。

**P47 上**
照片右侧，交错着众多山脊的少女峰非常突出，往北（照片的左侧）依次为少女峰站、艾格尔山和门希峰。在中央山口处能看到斯芬克斯气象站。

**P47 下**
1863年，R.S.麦克唐纳与高山向导安德雷格、阿尔默一起首次登上了门希峰。照片左侧的背景中可以看到芬斯特拉峰，右侧可以看到阿莱奇冰川和阿莱奇峰的顶峰。

尼山最著名的高山。艾格尔山险峻的北壁高达2000米，经常会坠落石块，俯瞰着小沙伊德格和格林德尔瓦尔德。

1938年，由安德罗·赫克梅尔、弗朗兹·卡斯帕雷克和路德维希·弗尔格等人组成的奥地利－德国登山队征服了艾格尔山的北壁，成为20世纪30年代欧洲登山史上的一个传奇。但是，由于有太多的登山者在艾格尔山的北壁遇难，因此在国际登山史上，这面岩壁被认为是非常恐怖的区域。据称，现在艾格尔山约有20条登山路线，每年都会有很多登山队沿着1938年的路线顺利登顶。现在，人们在攀登过程中可以使用高倍双筒望远镜来观察是否有意外事故发生，以便及时营救，从而尽量避免不幸事件的发生。

这三座俯瞰着因特拉肯和伯尔尼的高山是伯尔尼山最著名的高山，也被称为"小喜马拉雅山脉"，最高峰为芬斯特拉峰（海拔4274米）和阿莱奇峰（海拔4195米）。同时，这里也是众多大型冰川的发源地，如阿莱奇冰川（欧洲最大的冰川）、菲施尔冰川、奥伯拉尔冰川和温特

**P48-49**
门希峰朝向格林德尔瓦尔德的北壁极为陡峭，从南侧看它就像是一座冰雪金字塔。照片右侧是艾格尔山。

**P49 上**
阿莱奇冰川是阿尔卑斯山脉面积最大、最壮观的冰川，它从少女峰以及俯瞰着格林德尔瓦尔德和因特拉肯的各座高峰向瓦莱州延伸而下。照片中远处为阿莱奇群山。

**P49 下**
余晖照亮了少女峰的西南壁，其亦被称作"罗塔尔壁"。少女峰的主峰位于照片的右上方，中心位置则是被称为"米尔克悬崖"的峰壁。

拉尔冰川等。在格林德尔瓦尔德和艾格尔山的东侧是一些雄伟的岩石峰，如施雷克峰和韦特峰。

不过，这片区域能看到的并不只有登山者。事实上，伯尔尼山脚下的众多峡谷在滑雪史上也占据着非常重要的地位，一系列壮观的滑雪道（包括长122千米的欣特雷－加斯滑雪道）从山峰的最高点向下蜿蜒穿过牧场和高山草甸。从格林德尔瓦尔德和文根到冰封的少女峰站（海拔3475米）的齿轨铁路是阿尔卑斯山脉最受欢迎的观景区。

# Piz Badile

## 巴迪勒峰
意大利—瑞士

瑞士
SWITZERLAND

▲ 巴迪勒峰
Piz Badile

意大利
ITALY

阿尔卑斯山脉 ALPS

亚得里亚海
ADRIATIC SEA

地中海
MEDITERRANEAN SEA

0    60kr

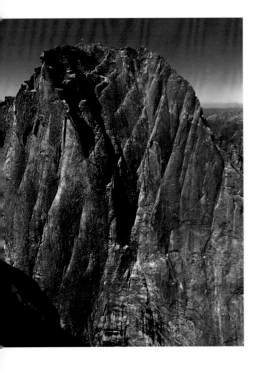

在瑞士的邦达斯卡峡谷和意大利的马辛诺峡谷之间有着众多花岗岩峰，它们令许多登山家化身为诗人。加斯顿·拉布法特在《星光和暴风雨》（*Starlight and Storm*）中写道，邦达斯卡峡谷是世界上最迷人的盆地。沃尔特·博纳蒂在《我的高山》（*My Mountains*）中补充道，瑞士边境的恩加丁河谷的台地有着他所见过的最美的高山景观。

邦达斯卡峡谷和马辛诺峡谷之间的花岗岩峰是阿尔卑斯山脉中最壮观的山峰之一。这些高山朝向瑞士普罗蒙托诺和邦多的北坡随海拔降低密布着云杉林和落叶松林，而朝向意大利的一侧则是裸露的岩石。在这些高山中最为人熟知的是海拔3308米的巴迪勒峰，其朝向瑞士的一侧是宏伟的北壁——诺德坎特壁，两侧是犹如被巨人斧头砍断的山脊刃岭。海拔3367米的森加洛峰的周围有佐卡峰、阿列维峰和其他数十座高山的宏伟峰壁。

**P50**
尽管巴迪勒峰的外观令人生畏，但其峰壁上数量众多的岩沟、缺口和突壁，意味着登山者在1867年所开辟的常规登山路线难度并不大。

**P51 上**
从巴迪勒峰顶峰往东看，可以欣赏到阿尔卑斯山脉中段最为壮观的一些高山。照片中间为森加洛峰，在其右侧可以瞥见迪斯格雷齐亚峰。

**P51 下**
从希奥拉避难所（照片中部）能看到森加洛峰，右侧是巴迪勒峰光滑的北壁。

　　19世纪，英国登山家发现了巴迪勒峰及其附近的高山，直到两次世界大战期间，才有人将这些高山载入登山史。数以千计的游客从基亚文纳乘车前往马洛亚山口和圣莫里茨，但很少有人知道巴迪勒峰。在历史悠久的萨克－富莱避难所和希奥拉避难所可以欣赏到这些高山的壮观景致。1923年，瑞士登山家沃尔特·里施和艾尔弗雷德·泽克征服了令人毛骨悚然的巴迪勒峰北壁。

随后，登山者的注意力转移到东北壁。1937年，莱科的里卡多·卡辛、路易吉·埃斯波西托和维托里奥·拉蒂，以及科莫的马里奥·莫尔泰尼和朱塞佩·瓦尔塞基登上了巴迪勒峰的东北壁。但是，瓦尔塞基和莫尔泰尼在下撤途中力竭而亡，使这次伟大的挑战以悲剧收场。

第二次世界大战前后，意大利优秀的登山家如朱斯托·杰瓦苏蒂、沃尔特·博纳蒂和阿方索·文奇等相继在该山脉的其他高山上开辟出新的登山路线。1968年，巴迪勒峰再次成为人们关注的焦点。三名意大利登山家和三名瑞士登山家沿卡辛路线用10次宿营完成其个人首次攀登。随后，号称阿尔卑斯山脉最有名、最险峻的岩壁——诺德坎特壁上又被相继开辟出一些难度非常大的登山路线，包括皮拉斯特罗－阿戈西亚路线和弗拉泰洛路线。在萨克－富莱避难所周围的峭壁上，落叶松、瀑布和岩羚羊等形成了独特的田园风光。尽管通向圣莫里茨的交通非常繁忙，但在普罗蒙托诺和邦多的村庄里，时光仿佛停滞。

**P52-53**
冬季从邦达斯卡峡谷右侧向上仰望，巴迪勒峰（照片右侧）和森加洛峰的北壁构成了一幅荒凉而险峻的壮景。

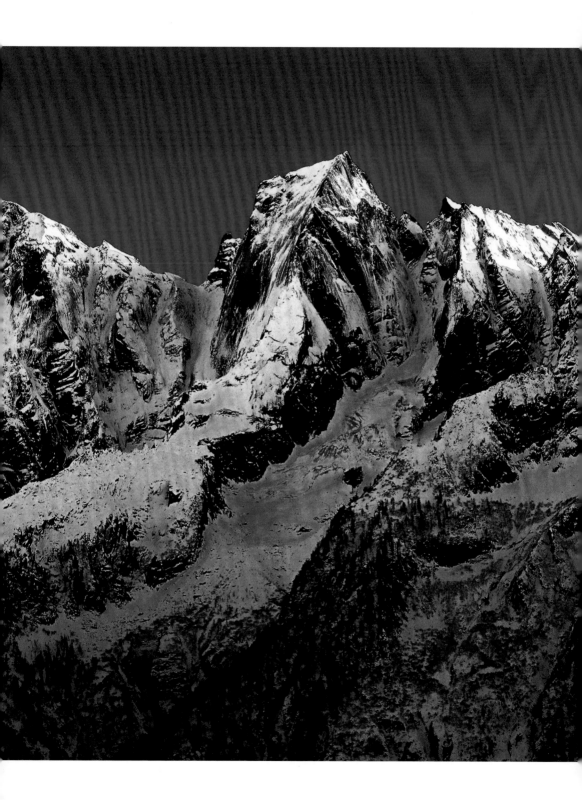

# Piz Bernina

# 贝尔尼纳峰
## 意大利—瑞士

阿尔卑斯山脉 ALPS
瑞士
SWITZERLAND

▲ 贝尔尼纳峰
Piz Bernina

意大利
ITALY

亚得里亚海
ADRIATIC SEA

地中海
MEDITERRANEAN SEA

0    60km

**P54**
从科尔瓦奇峰的观景台上可以依次看到贝尔尼纳峰（左）、塞尔森峰和罗塞格峰，远处是杰梅利峰、塞拉山口、格吕珊特峰和莱斯克里丘斯峰。

**P55**
每到日落时分，在恩加丁的苏尔莱杰山口可以看到贝尔尼纳峰壮观的景象。

  欧洲景色最优美、最上镜的山脉之一位于恩加丁河谷的南部。从蓬特雷西纳、圣莫里茨，或从驶向贝尔尼纳山口的铁路，抑或从罗塞格酒店周围茂密的云杉林，都可以看到帕鲁峰、祖波峰和罗塞格峰的岩石和冰壁。这些高山构成了贝尔尼纳峰的冰脊，也是阿尔卑斯山脉最东部海拔4000米以上的山峰。

  森林里随处可见的鹿，具有巨大岩檐的雪峰，以及莫尔特拉奇冰川和罗塞格冰川上令人恐惧的冰塔（冰柱）所形成的强烈反差，阐释了为什么这片区域在一个多世纪前被称为"阿尔卑斯

山的舞厅"。罗塞格峰（海拔3936米）、祖波峰（海拔3995米）和贝尔尼纳峰（海拔高达4049米）都是登山者特别向往的山峰。

　　贝尔尼纳峰是瑞士恩加丁河谷和意大利瓦尔泰利纳谷地的分水岭，最高峰位于山脊以北，因此该山几乎全部位于瑞士境内。在意大利一侧，山坡上的岩石和冰川以更加平缓的角度向瓦尔马伦科和弗兰西亚人工湖倾斜。

　　1859年9月，约翰·科兹与助手琼·查纳和洛伦茨·拉古特·查纳在穿过莫尔特拉奇冰川后，沿着贝尔尼纳峰的东侧山脊继续前进，完成了高难度的首次攀登。自1913年在贝尔尼纳峰朝向意大利的一侧建造卡帕纳·马科避难所和罗莎避难所后，大多数登山者都会选择攀登斯帕拉山脊，因为这条路线上有一部分岩壁固定了结绳，攀登起来并不困难。

在科兹登上贝尔尼纳峰之后的一个半世纪里，这座高峰像阿尔卑斯山脉的其他高峰一样，被人们一步步揭开神秘的面纱——其岩壁和冰壁上被开辟出许多难度较高的登山路线。其中最便捷的路线，同时也是众多登山者所梦寐以求的路线，是由19世纪的登山家凭直觉开辟出来的。

1879年，德国登山家保罗·古斯费尔德特与恩加丁向导汉斯·格拉斯和约翰·格罗斯首次登上贝尔尼纳峰北部蜿蜒且覆盖着积雪的比安科山。比安科山上有贝尔尼纳峰的第二高峰——海拔3995米的阿尔夫峰。纵观阿尔卑斯山脉，很少有像比安科山这么易于攀登而又壮观的高山。

**P56**
即使在冬季，山顶处几乎无人问津，比安科山也是极为优雅的。从照片的角度可以看到右侧被积雪覆盖的阿尔夫峰与贝尔尼纳峰的岩峰之间的缺口。

**P56-57**
一支登山队正在攀登被积雪覆盖的比安科山，这座山可以通向阿尔夫峰和贝尔尼纳峰。

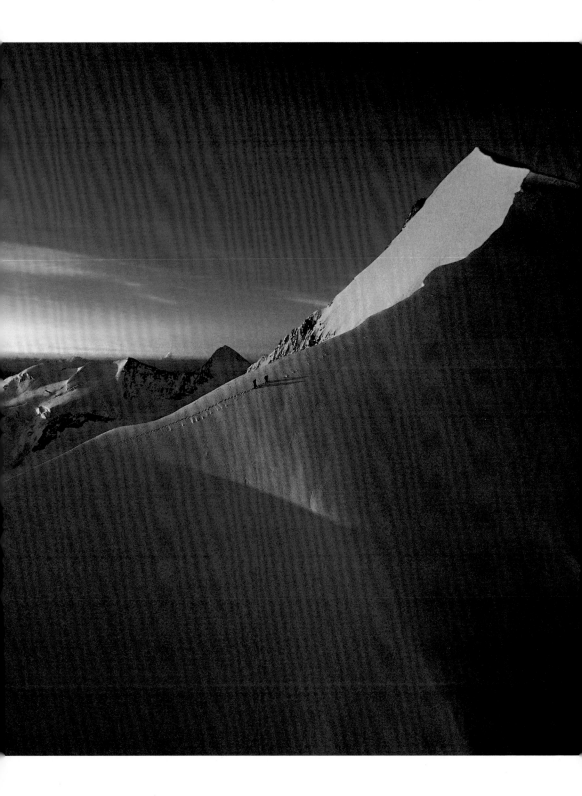

# Mount Ortles

## 奥特莱斯山
意大利

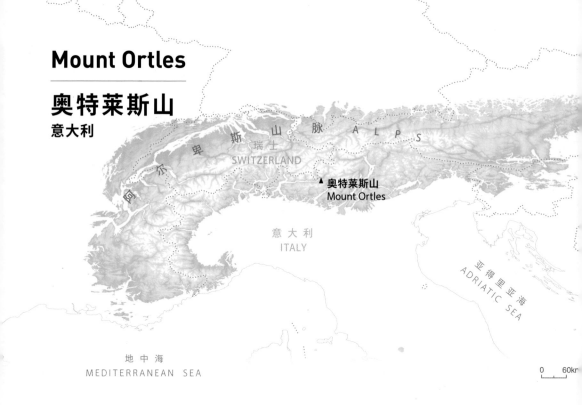

奥特莱斯山坐落在意大利伦巴第区和南蒂罗尔的边界，临近斯泰尔维奥山口与瑞士格劳宾登州的边界，是阿尔卑斯山脉最壮观的冰山之一。在韦诺斯塔河谷的高地，以及穿过雷西亚山口通往奥地利的公路上，都能清晰地看到奥特莱斯山。奥特莱斯山海拔3899米，其南侧有一系列山脉，顶峰分别为大泽布鲁山（海拔3851米的）和切韦达莱山（海拔3769米）。奥特莱斯山位于斯泰尔维奥国家公园的中心地带，该公园占地面积达1347平方千米，是意大利境内的阿尔卑斯

**P58**
大泽布鲁山（照片正中）壮观的北壁（海拔3851米）和泽布鲁山（海拔3724米）构成了马德里奇山谷上草甸和湖泊的背景。这些被草丛覆盖的山坡在夏季时会遍布野花，冬季时则成为索尔达滑雪道。

**P59 上**
这条从特拉弗伊通往斯泰尔维奥山口（海拔2758米）的通道位于奥特莱斯山南侧（照片右侧）之下险峻而陡峭的山谷中，是登山家在1820—1825年摸索出来的。

**P59 下**
奥特莱斯山、泽布鲁山和大泽布鲁山之下的科斯顿避难所是1892年建立的，位于海拔2661米的被草覆盖的阶地上，深受徒步者欢迎，也是登山者攀登奥特莱斯山的欣特岭（在意大利被称为"科斯通山"）和大泽布鲁山陡峭的北壁时的大本营。

山脉中最大的国家公园。

保护区内栖息着马鹿、北山羊、鹰和岩羚羊，近些年来，人们还在马尔泰洛河谷发现了猞猁，就连曾经在阿尔卑斯山脉中极为常见的胡兀鹫也于20世纪90年代被重新引入奥地利、法国、意大利和瑞士。生活在布伦塔多洛米蒂山的熊也于2005年出现在斯泰尔维奥。

几个世纪以来，奥特莱斯山一直是奥匈帝国（Austro-Hungarian Empire）的最高峰，至今仍是德语系国家的登山者和徒步者心中最负盛名的高山之一。1804年，帕西里亚河谷的走私商及猎人——约瑟夫·皮奇勒与齐勒塔尔山地区的两名登山家——约翰·克劳斯纳和约翰·莱特纳首次登顶奥特莱斯山。他们的这次攀登受到了维也纳王室的大力赞扬，因为他们穿越了于当时而言异常困难的岩壁和冰壁。2004年，莱因霍尔德·梅斯纳重新找到了这条路线。

19—20世纪，人们在奥特莱斯山的山脊（如塔巴雷塔山脊、科斯顿山脊、索尔达山脊）及其陡峭危险的峰壁上相继开辟了多条诱人的登山路线。1934年，德国登山家汉斯·厄特尔和弗朗兹·施密德登上了奥特莱斯山冰封的北壁，这条路线是奥特莱斯山所有登山路线中难度最大的。1916年，奥匈帝国的山地部队完成了一次难度极大的攀登，他们还将两门口径70毫米的大炮搬到了奥特莱斯山顶峰。

时至今日，在夏日晴朗的黎明时分，从帕尔避难所到奥特莱斯山的顶峰之间，还时常能看到行走在山脊上的登山者组成的蜿蜒的长队。在索尔达的小路和滑雪道、通往斯泰尔维奥的公路以及寂静的特拉弗伊高山村庄，都能看到奥特莱斯山陡峭的斜坡。莱茵霍尔德·梅斯纳是索尔达的常客，他在村庄里创建了一座专门介绍奥特莱斯山的博物馆，并在周围的草地上放养了几头牦牛，使上阿迪杰区呈现出一种喜马拉雅式的风景。

**P60 下和P61 下**
尽管奥特莱斯山宽而缓的西北壁有许多裂缝和陡峭的冰壁，但沿常规路线攀登最高峰蒂罗尔峰的难度并不大。直到1934年才有人完成陡峭而危险的北壁（右图左侧的阴影部分）的首次攀登。

**P61 上**
照片背景处，沿着意大利和瑞士的边界，奥特莱斯山巨大的西壁（照片左侧）与图尔威瑟峰（海拔3652米）、坎波峰（海拔3480米）和克里斯塔洛山（海拔3434米）的山脊共同构成了一幅壮观的景象。

# Crozzon di Brenta & Campanile Basso

## 克罗宗布伦塔峰和巴索峰

**意大利**

克罗宗布伦塔峰 ▲▲ 巴索峰
Crozzon di Brenta　Campanile Basso

乌 尔 卑 斯 山 脉　ALPS

意 大 利
ITALY

亚 得 里 亚 海 ADRIATIC SEA

地 中 海
MEDITERRANEAN SEA

0　　60km

　　多洛米蒂山脉最著名的高山——巴索峰海拔2883米，具有完美垂直的峰壁和角石，坐落于布伦塔山。它是多洛米蒂山脉中唯一一座位于阿迪杰河谷以西的高山，同时也是意大利特伦蒂诺区内高山的象征。一个多世纪以来，巴索峰优雅的外形和异常坚硬的岩石使其成为最受登山者欢迎的一座高山。

　　在巴索峰四周，斯弗尔米尼山脉的阿尔托峰、布伦塔峰和上布伦塔峰直冲天际线，山脉的北壁交错着多洛米蒂山脉中最棘手的一些登山路线。布伦塔河谷将这些白云岩峰与山脉中其他更高的山峰隔开。其中，最高峰托萨峰海拔3173米，附近还坐落着海拔3135米的克罗宗峰，其雄伟的岩壁令人惊叹。

　　从地理学的角度看，克罗宗布伦塔峰只是托萨峰的一个尖坡。但对登山者而言，它是一座独立的山峰，其北面造型独特的山脊刃岭，下切深达900米。作为史上最伟大的登山家之一，奥地利的保罗·普罗伊斯在1911年第一次见到克罗宗布伦塔峰时感叹道："在阿尔卑斯山脉中从未见过这样的景色。"

　　在接下来的几天里，普罗伊斯与朋友保罗·雷利首次登上了克罗宗峰的东北壁，即6年前弗里茨·施奈德和阿道夫·舒尔茨所征服的山脊的左侧。然而，普罗伊斯仅用了两个小时就在没有结绳的情况下独自登上巴索峰垂直的东壁（比周围山峰高出一大段），这让他成为传奇人物。

照片上部能看到托萨峰的顶部高原（海拔3173米），右侧是上布伦塔峰。

　　数年前，特伦蒂诺区和蒂罗尔州的登山家曾通过攀登巴索峰来互争高低。1897年，卡洛·加巴里、尼诺·普利和安东尼奥·塔弗纳罗成为第一批登上该山的人，并在登山途中发现了多处容易攻破的攀登点（这些点现已被纳入常规登山路线），但他们却在离峰顶只有数十米处止步，失败而回。两年后，蒂罗尔州登山家奥托·安普费勒和卡尔·伯杰追随了前人的攀登路线，但之后他们选择了空中跨越，后来证实了这是登顶成功的关键。安普费勒这样描述道："其他人征服的是平静海岸上的巨大岛屿，我们征服的'岛屿'虽小，却布满了高而险的棱角。"

　　从那时起，巴索峰像许多著名的高山一样成为各种数据统计和创造纪录的对象。如"首次冬季攀登""首次夜间攀登""第一千次攀登"等都分别举办了庆祝活动。1999年，一支由百名登山家组成的登山队沿常规登山路线登顶，以庆祝"征服巴索峰一百周年"。如今，这座高山上大约有20条登山路线交错排列。除常规登山路线和普罗伊斯路线外，最受欢迎的登山路线是鲁道夫·费尔曼和奥利弗·佩里-史密斯于1908年开辟的难度等级为Ⅳ+级的两面登山路线，以及由乔治·格拉弗和安东尼奥·苗托于1934年所开辟的从西南边缘到山肩部的难度等级为Ⅴ级和Ⅴ+级的登山路线。

　　一些当地的和外地的登山家也相继在克罗宗峰上开辟了登山路线。1929年，来自特伦蒂诺区的登山家维尔吉利奥·尼里登上了将克罗宗峰与托萨峰分隔开的积雪覆盖的漏斗形通道。1970年，来自蒂罗尔州的海尼·霍尔泽利用滑雪板从这个漏斗形通道下撤。1933年，当地的登山家布鲁诺·德塔希斯和恩里科·乔达尼攀登了岩壁上最陡峭的吉德路线。32年后，琼·弗雷黑尔和多米尼克·勒普林斯－兰盖攀登了宏伟的东北柱。令人震惊的是，另一位特伦蒂诺登山家切萨雷·梅斯特里于1956年在没有结绳的情况下独自从吉德路线下撤。

高峰和岩壁并不是布伦塔峰唯一吸引人的地方。在顶峰和岩脊之间坐落着一座未被破坏、野性十足的高山，其上穿梭着一条阿尔卑斯山脉最著名的用螺栓连接的探险路线——博凯路线。该区域的野生动植物资源非常丰富：克罗宗峰山脚下的岩沟经常有岩羚羊出没，而在群山东部的森林栖息着意大利境内的阿尔卑斯山脉中数量最多的熊群。在多洛米蒂山区，大自然将继续发挥重要作用。

**P64和P65**

在天气晴朗的冬日下午，克罗宗布伦塔峰的北侧山脊将向阳的西壁与冰冷的东北壁隔开。每年的这个时候，东北壁只有在早晨才能受到阳光照射。远处能看到托萨峰的穹顶。

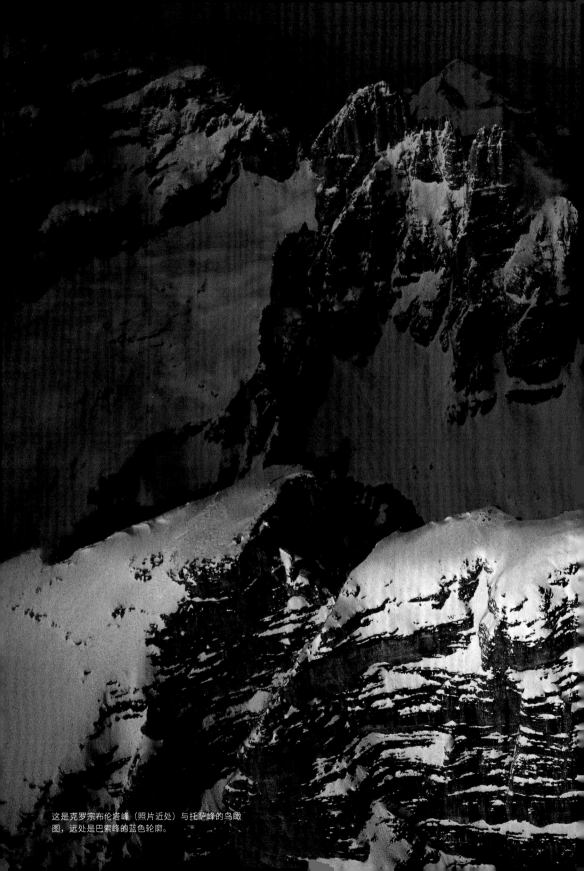

这是克罗宗布伦塔峰（照片近处）与托萨峰的鸟瞰图，远处是巴索峰的蓝色轮廓。

# Grossglockner

# 大格洛克纳山

**奥地利**

大格洛克纳山
Grossglockner

奥地利
AUSTRIA

亚得里亚海 ADRIATIC SEA

阿尔卑斯山脉 A L P S

地中海
MEDITERRANEAN SEA

0    60km

**P68**
大格洛克纳山壮观的东壁上
的帕拉维奇尼冲沟，俯瞰着
帕斯特泽冰川。帕斯特泽冰
川是奥地利境内的阿尔卑斯
山脉中最大的冰川，覆盖面
积约21平方千米。

**P69**
小格洛克纳山和在云层中的
大格洛克纳山共同构成科德
尼茨基斯冰川的背景。

　　大格洛克纳山，意为"大钟"，海拔3797米，是奥地利境内最高、最壮观的高山，坐落于东蒂罗尔和克恩滕州之间，是阿尔卑斯山脉景色最优美、生物多样性最高的区域中部，俯瞰着帕斯特泽冰川。从卢克纳营地以及马特赖峡谷与东蒂罗尔州的卡尔斯峡谷之间人迹罕至的被绿草覆盖的岩脊望去，大格洛克纳山显得非常高大。但该山朝向克恩滕州海利根布卢特的一侧则呈壮观的锯齿状，东坡陡峭的冰沟向下切入帕斯特泽冰川巨大的裂隙中。

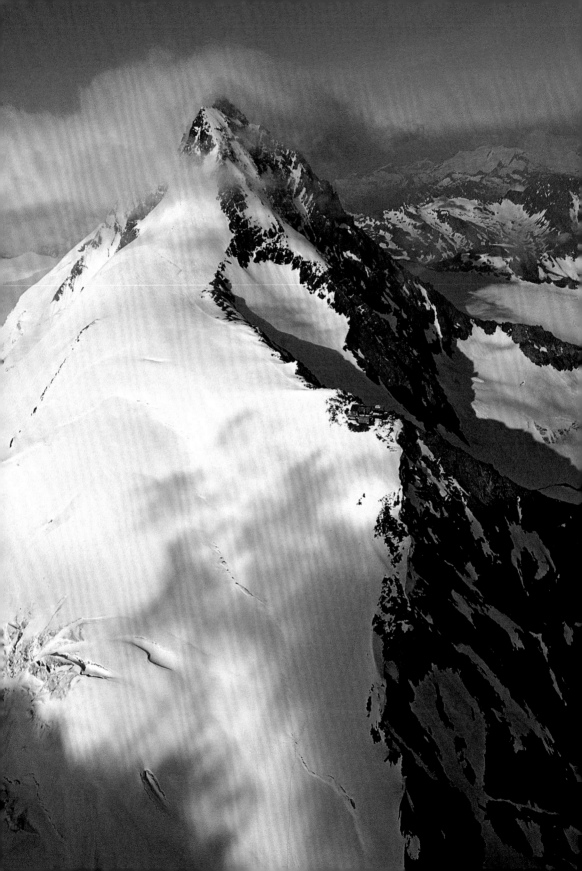

　　征服大格洛克纳山于早期登山史而言有着重要的意义。1800年，由弗朗兹·萨尔姆带领的"能干的秃鹰猎人"小组在萨尔茨堡亲王主教（Prince-Bishop）的授命下，登上了大格洛克纳山积雪覆盖的岩石峰顶。为了纪念这次壮举，约翰·波格尔于1928年创作了一幅著名的画作，这幅画现藏于因斯布鲁克的登山博物馆中。

　　现在，每年都会有数千名登山者穿过从赫佐格－约翰营地到小格洛克纳山的空中山脊到达峰顶。朝向卡尔斯斜坡的斯图德尔峰是一条优雅的岩石山脊，其上有一条经典的、极受欢迎的难度等级为Ⅲ级的登山路线。然而，由于冰川的消融与众多悬空的岩石，帕斯特泽冰川一侧的帕拉维奇尼冲沟变得不那么受欢迎了。

　　来自欧洲各地的徒步者纷纷涌向上陶恩山国家公园内大格洛克纳及附近的大韦内迪格山（意为"伟大的威尼斯人"）的山脚下的各条小路。上陶恩山国家公园位于蒂罗尔州东部，邻近萨尔茨堡和克恩滕州，占地面积达1780平方千米，设有阿尔卑斯山脉中面积最大的保护区。

　　这座国家公园不仅有高山草甸、森林和数十条冰川，还拥有完善的游客中心，有影院，会举办游览会。每年夏天，这里的游客人数超过100万。上陶恩山国家公园是北山羊、马鹿、岩羚羊、旱獭和其他大型高山动物的家园，20世纪80年代，这里重新引入了胡兀鹫。除了动植物，这里的冰川也非常吸引人，其中帕斯特泽冰川是东阿尔卑斯山脉中最大的冰川。

---

**P70-71**
冬季的余晖照亮了布伦科盖尔山（海拔3018米）。

# Tre Cime di Lavaredo

# 三大峰
奥地利

ALPS
三大峰
Tre Cime di Lavaredo

意大利
ITALY

亚得里亚海 ADRIATIC SEA

阿尔卑斯山脉

地中海
MEDITERRANEAN SEA

0    60km

**P72**
照片的背景部分可以看到三大峰南壁上的岩沟，即使是在初夏时节，岩沟上依然为积雪覆盖，岩沟从封达－萨维奥避难所向上爬升到米苏里纳山的中心。锯齿状的米苏里纳山将三大峰与朝向奥伦佐的一侧的安西埃河谷隔开。

**P73**
从米苏里纳湖湖岸望去，三大峰向人们展示了壮观的北壁。照片中左侧为西峰，右侧为大峰。在前景处可以看到在三大峰之下的狭长的拉德罗山。

　　从普斯泰里亚河谷或奥龙佐河谷往上，到达洛凯泰利避难所（在德国被称为"三峰山营地"），就可以看到多洛米蒂最著名的三大峰的壮景。三大峰（在德国被称为"三峰山"）的外形独特，即使是对登山运动一无所知的人，也会把它视为冒险和垂直挑战的象征，就像珠穆朗玛峰、托雷峰和马特峰一样。

　　三大峰之一的大峰海拔2999米，其陡峭的北壁垂直插入下面的碎石中。西峰海拔2973米，比大峰宽，北壁是巨大的断崖。小峰（海拔2857米）朝向奥龙佐的一侧以壮观的"黄边"（Yellow Edge）闻名，但从北侧看，它就显得很普通。多洛米蒂山的专家和爱好者迪诺·布扎蒂曾这样描述："当面对这些高大、险恶而又孤寂的峰壁时，任何语言都显得苍白无力。"小峰的南侧较为平缓，从而有3座以上的高峰得以暴露在大众的视野中，如皮科利西马峰、弗里达峰和伊尔穆罗峰。因此在19世纪时，登山者都将小峰的南壁列为攀登的首选。

　　但真正使三大峰闻名于世的，是20世纪30年代人们集中攀登其北壁的壮举。故事始于1933年，来自的里雅斯特的登山家埃米利奥·科米西和来自科尔蒂纳的安杰洛·迪迈、朱塞佩·迪迈兄弟共同攀登了大峰的北壁。一个月后，科米西与玛丽·瓦拉莱和雷纳托·扎努蒂一起登上了小峰的"黄边"。1934年，莱科登山家里卡多·卡辛和维托里奥·拉蒂征服了西峰的北壁，该壁有350米的坡度极为陡峭。

　　1958年，德国登山家迪特里希·哈斯、洛瑟·布兰德勒、乔格·莱纳和西吉·洛在大峰上开辟了一条直达顶峰的登山路线，使三大峰的北壁再次成为世人瞩目的焦点。次年，西峰上的悬崖峭壁成为瑞士登山家雨果·韦伯和阿尔宾·谢尔伯特，与科尔蒂纳外号"松鼠"的克劳迪奥·扎尔迪尼、坎迪多·贝罗迪斯、贝尼亚米诺·弗朗斯奇和阿尔比诺·米歇尔利相互竞技的场

地。在没有肢体冲突的前提下，这两组人相互追逐、相互超越。

　　几天后，一支法国队伍登上了西峰巨大的断崖。经过一周的努力，勒内·德斯梅森最终翻越横在垂直峰壁上的岩架（长5米）。紧随其后的皮埃尔·梅兹奥德写道："我们疯狂地欢呼，希望远在科尔蒂纳的人也能感受到我们的喜悦。"

　　现在，三大峰的北壁依然很受欢迎。来自世界各地的优秀登山家沿着卡辛和科米西所开辟的路线往上攀登，其中世界级的登山家会在不使用螺栓的情况下攀登这条具有历史意义的路线。1999年，的里雅斯特登山家莫罗·博尔（布布）在不使用螺栓的情况下攀登了法国登山队所开辟的路线。两年后，巴伐利亚登山家亚历山大·休伯在西峰上开辟出一条难度等级为XI级的特色登山路线。莱因霍尔德·梅斯纳评论道："这是通往完美攀登艺术阶梯的最后一步。"

不管是哪个季节，三大峰的北壁（从左到右依次为小峰、大峰和西峰）都是多洛米蒂山最迷人的景点之一。余晖照亮了北壁的上半部，让西峰和大峰上壮观而陡峭的峰壁几乎全部隐于阴影之中。

　　三大峰不仅只有岩壁。菲斯卡林纳山谷和坎波迪登特罗山谷遍布小木屋，普斯泰里亚河谷拥有修剪完美的草地，在它们之上是多洛米蒂山国家公园的欧洲山松和云杉林，这里是岩羚羊的理想栖息地。几个世纪以来，兰德罗河谷成为塞斯托、圣坎迪多和多比亚科等地的德语系高山居民与相邻的威尼托区的各个山谷中的居民之间联系的纽带。

　　1915—1917年，这些高山成为战场。拉瓦莱多山口、皮亚纳山及翁迪齐峰上的岩沟成为意大利高山部队、步兵和正规军与帝国陆卫之间发生冲突的地方，意大利的反射器被安装在大峰上。1915年7月，意大利高山部队的一名士兵用石头砸死了塞普·因纳科弗勒（曾完成多次伟大攀登的塞斯托向导）。时至今日，战争时留下的隧道和通道大多已被完美修复，重新向人们展示着这些高山及其历史。

# Mount Civetta

## 奇韦塔山
意大利

奇韦塔山
Mount Civetta

阿尔卑斯山脉 ALPS

意大利
ITALY

亚得里亚海 ADRIATIC SEA

地中海
MEDITERRANEAN SEA

0  60km

**P76**
在蒂西避难所及其附近草丛密被的雷恩山口，可以欣赏到多洛米蒂山区最壮美的日落景观。照片左侧可以看到奇韦塔山西北壁中间交错着的索莱德－莱坦鲍尔登山路线；右侧是德加斯帕里峰（海拔2994米）和上苏峰（海拔3042米）。

**P77 上**
从拉加佐伊避难所能看到多洛米蒂山的壮观景象。在埃维劳峰、努沃劳峰和拉戈峰之后的是佩尔莫峰（左侧）和奇韦塔山。

**P77 下**
奇韦塔山的东壁俯瞰着佐尔多峡谷，这面岩壁即使是在冬季，也远不如北壁那么可怕。1867年，英国登山家弗朗西斯·福克斯·塔科特与瑞士向导梅尔基奥尔和雅各布·安德雷格共同在东壁开辟了一条常规登山路线。

　　多洛米蒂山最险峻的岩壁位于山脉的最东端，由圣马蒂诺山和马尔莫拉达峰构成，俯瞰着位于琴切尼盖和阿莱盖之间的科尔代沃莱河谷、蒂西避难所以及奇韦塔山谷的牧场和碎石堆。奇韦塔山的西北壁高约1000米、宽约4000米，其上有一小小的悬冰川，顶峰海拔为3220米。在这面峰壁上分布着阿尔卑斯山脉中最具挑战性的一些登山路线。通向附近的蒂西峰、奇韦塔峰、潘迪

祖凯罗峰、德加斯帕里峰和上苏峰的登山路线难度也很大。多洛米蒂山中形态特异的布萨扎峰、威尼斯峰和的里雅斯特峰耸立在奇韦塔山的末端。

　　1867年，英国登山家弗朗西斯·福克斯·塔科特与瑞士向导梅尔基奥尔和雅各布·安德雷格通过攀登朝向佐尔多峡谷一侧的岩壁（难度较低且布满碎石），首次登顶奇韦塔山。然而，奇

韦塔山西北壁及其巨大的附属山峰见证了许多著名登山家攀登多洛米蒂山的历史。1925年，两名巴伐利亚登山家埃米尔·索莱德和古斯塔夫·莱坦鲍尔在岩壁的中心开辟出第一条难度系数为Ⅵ的登山路线。索莱德这样描述道："这是真实的场景吗？我从未在阿尔卑斯山脉见过这样的岩壁！"坠落的岩石和暴风雨使他的攀登非常困难，简直像是在拍电影一样。

索莱德的攀登历程吸引了众多优秀的多洛米蒂山登山家来到奇韦塔山，最先到来的是威尼托登山家阿蒂利奥·蒂西、多梅尼科·鲁德蒂斯、乔瓦尼·安德里克和阿尔维斯·安德里克。1931年，的里雅斯特登山家埃米利奥·科米西在索莱德路线的左侧开辟了一条登山路线。其他著名的登山家，比如莱科的里卡多·卡辛、特伦蒂诺的切尔索·吉尔伯蒂、米兰的埃托雷·卡斯蒂利奥尼和维琴察的拉法埃莱·卡莱索等，则将注意力集中在威尼斯峰和的里雅斯特峰。

在众多登山路线中，最好的一条路线是由奥地利登山家沃尔瑟·菲利普和迪特尔·弗拉姆于1957年开辟的。当时，他们在经过两次露营后，登上了奇韦塔山著名的两面角，然后向上到达了蒂西峰的顶脊。沿着这条路线完成首次单人攀登的莱因霍尔德·梅斯纳形容这是一条"神奇的路线"。

1963年，弗留利登山家伊格纳齐奥·皮乌西、伦巴第的乔治·雷达埃利和巴伐利亚的托尼·希贝勒沿着索莱德路线完成了难度极大的奇韦塔山首次冬季攀登。1999年，莱科登山家马科·安吉勒里独自完成了这一壮举。在瓦佐勒避难所、蒂西避难所和索尼诺避难所之间的奇韦塔山谷中悠闲漫步，能让人像阅读一本巨大的岩石书籍一样了解奇韦塔山。

# Marmolada

## 马尔莫拉达峰
意大利

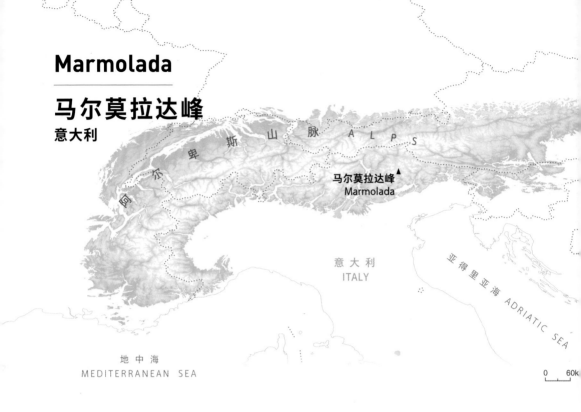

佩尼亚峰（海拔3343米）是多洛米蒂山的最高峰，坐落在贝卢诺省和特伦托省的交界处，其北部与多洛米蒂山最大的冰川相交。在佩尼亚峰上可以看到费达亚湖、塞拉山口，以及通往波多伊山口的维尔德尔潘通道的壮丽景观。马尔莫拉达峰的南壁宽约4000米、高约1000米，是阿尔卑斯山脉中最陡峭、最光滑、令人印象最深刻的岩壁，俯瞰着深邃的翁布雷塔峡谷、翁布雷塔

**P80**
连接翁布雷塔峰（照片左侧）与罗卡峰的山脊显示出马尔莫拉达峰两侧不对称的峰壁，北侧坡度较缓的岩壁之下是覆盖着冬雪的冰川斜坡，而在照片中看不到的另一侧是马尔莫拉达峰陡峭的南壁。

**P81 上**
落日照亮了大维尼尔峰（海拔3210米）和小维尼尔峰（海拔3098米）陡峭的石灰岩壁。这两座高山俯瞰着阿尔巴、佩尼亚、卡纳泽伊及其他位于法萨峡谷之上的城镇。

**P81 下**
每年都会有数万名游客乘坐从马尔加西亚佩拉峰出发的缆车登上马尔莫拉达峰的顶脊，那里离马尔莫拉达峰的第二高峰罗卡峰不远。因修建缆车而对环境造成的破坏，已遭到舆论严厉的抨击。

**P82 上左**
佩尼亚峰的南壁成为去往圣尼科洛山口的滑雪游览路线的背景。

**P82 上右**
在夏季，西山脊的菲拉塔路线和南壁难度较高的登山路线都很受登山者欢迎，但每到冬季，佩尼亚峰顶峰上交错分布的小木屋则变得乏人问津。

**P82-83**
佩尼亚峰的深色金字塔形高峰在翁布雷塔山口远处拔地而起，俯视着圣尼科洛山谷的草甸和森林。马尔莫拉达峰（照片右侧）以南，由翁布雷塔峰、瓦尔弗雷达峰和乌奥莫峰连成的山脉一直延伸到圣佩莱格里诺山口。

**P83 上**
马尔莫拉达峰尖锐的顶脊隔开了南侧陡峭的峰壁和北侧的冰坡，在冰坡上交错着数十条夏季滑雪道。在照片前景处隐约可见翁布雷塔峰，远处则是罗卡峰（建有缆车站）和佩尼亚峰。

山口的碎石坡和法利尔避难所。

马尔莫拉达峰因其高度适中和相对容易攀登的冰坡而成为多洛米蒂山中最受登山者欢迎的高山。1864年，维也纳登山家保罗·格罗曼与安佩佐的向导安杰洛·迪迈和富尔根齐奥·迪迈一起登顶佩尼亚峰，象征着"多洛米蒂山的女王"（Queen of the Dolomites）的佩尼亚峰终于被人类征服。

1901年，英国登山家比阿特丽斯·托马森和向导普里米耶罗·米歇尔·贝特加、博尔托罗·扎戈诺首次登上了马尔莫拉达峰巨大且光滑的南壁。在两次世界大战期间，佩尼

亚峰吸引了诸如吉诺·索尔达、路易吉·米凯路齐和汉斯·维纳特泽等杰出的登山家。从20世纪70年代开始，马尔莫拉达峰南壁一直是高级攀登的训练场，有数十条登山路线，其中一些路线的攀登难度达到了IX级、X级。对当代登山家而言，坦皮·莫登尼路线、戴尔·艾德勒路线和伊尔·佩谢路线等都是绝无仅有的登山路线。

　　然而，人类与马尔莫拉达峰之间的联系并不仅仅局限于攀岩和攀冰。1915—1917年，由于马尔莫拉达峰处于奥匈帝国和意大利的边境，因此两国军队在山上的岩石和冰面上开凿了许多炮台、掩体以及互通的战壕和隧道。第二次世界大战以后，随着旅游业的发展，马尔莫拉达峰的环境遭到了严重的破坏。

　　马尔莫拉达峰的冰川斜坡上分布着数条夏季滑雪道，而塞劳塔峰的岩石山顶——马尔加西亚佩拉峰与罗卡峰（海拔3309米）的顶峰之间也修建了一条巨大的空中索道。近年来，冰川日益明显的消退使朝向费达伊山口的岩层逐渐裸露，直接影响了马尔莫达拉峰的魅力。

# Triglav

## 特里格拉夫峰
### 斯洛文尼亚

阿尔卑斯山脉 ALPS

特里格拉夫峰
Triglav

斯洛文尼亚
SLOVENIA

亚得里亚海 ADRIATIC SEA

地中海
MEDITERRANEAN SEA

0    60k

　　斯洛文尼亚是全球唯一一个在国旗上印着高山的国家，这个年轻的国家将特里格拉夫峰作为国家的象征，足以证明其对高山的重视。在斯洛文尼亚，有5%的人喜欢徒步或登山，登山是学校课程的一部分，滑雪则是一项历史悠久的重要传统。

**P86**
特里格拉夫峰的山壁和山脊上交错着数十条登山路线，其中难度最大、最著名的路线都位于边界山脉，尤其是小曼加特里坦扎山上。特里格拉夫峰的北壁高度超过1000米，于1890年被伊万·伯金克首次征服。

**P87 上**
特里格拉夫峰和尤利安山脉的其他高山常年受到冰冷的东北风的侵袭，因此这些高山的气候比同纬度的其他高山要寒冷得多，在冬季攀登这些高山相当困难。

**P87 下**
尤利安山脉的雨水到达地面后成为清澈的泉水。伊松佐河在斯洛文尼亚被称为"索查河"，发源于亚洛韦茨山与特里格拉夫峰之间的特伦塔峡谷，向南流向科巴里德和意大利边境，最后汇入亚得里亚海。

　　海拔2863米的特里格拉夫峰（在意大利被称为"Tricorno"）是尤利安山脉的最高峰。这座壮观的石灰岩山峰南侧俯瞰着弗留利平原，北侧俯瞰着卡尔尼施山森林密布的山脊，再往北是奥地利的克恩滕州。特里格拉夫峰位于特里格拉夫国家公园内，公园占地面积达811平方千米。这里是全球欧洲棕熊数量最多的地区之一，也是野山羊、鹰、马鹿及其他大型高山动物的家园。

　　尤利安山脉以西与斯洛文尼亚境内的亚洛韦茨山和拉佐尔山，以及意大利境内的蒙塔焦山和富阿厄特山相连，文扎山与曼加特山的顶脊是斯洛文尼亚与意大利的边界。自20世纪30年代开始，登山家在这个边界上开辟了一些东阿尔卑斯山脉难度最大的登山线路。1970年，的里雅斯特登山家恩佐·科佐利诺在小曼加特科里坦扎山上独自开辟出阿尔卑斯山脉第一条难度等级为Ⅶ级的登山路线。12年后，维琴察登山家雷纳托·卡萨洛托在冬季独自攀登了这条路线。

　　1778年，4名来自博希尼的登山家登顶特里格拉夫峰。而现在，每年夏季都会有数千名斯洛

P88-89
特里格拉夫峰是一座壮观的石灰岩山，坐落在特里格拉夫国家公园的中心地带，是年轻的斯洛文尼亚共和国的象征，吸引了大量游客前来。

P89 上和下
每年的11月到翌年5月底，特里格拉夫峰的顶峰会被厚厚的积雪所覆盖。斯洛文尼亚的国民对登山运动的热爱即使在冬季也丝毫不减。出生于这些山谷的滑雪者，经常在速降、越野和跳台滑雪等比赛中获得胜利。

文尼亚及欧洲其他国家的登山爱好者经由一条便捷的登山路线登顶特里格拉夫峰。其实这座"斯洛文尼亚的屋脊"也有一面高约1005米的令人敬畏的北壁。1890年，来自特伦塔峡谷的登山家伊瓦克·伯金克首次登上了特里格拉夫峰的北壁。

现在，连接特里格拉夫峰最著名的避难所（如阿尔贾泽夫营地、特里格拉夫斯基营地等）的螺栓路线位于左侧的山壁上，游客能观赏到这座高山的野性之美。另一方面，在山壁中部的石板和山坡上交错着一些难度极大的登山路线，其中大多数路线都是由弗朗西克·内兹和托莫·切森等登山家开辟的。他们还曾在巴塔哥尼亚山脉和喜马拉雅山脉取得了巨大的成就。

除了熊、森林及蜂拥前往顶峰的登山者，特里格拉夫峰的垂直边峰极为壮观，是一处著名的景观。

# Etna

## 埃特纳火山

意大利

第勒尼安海
TYRRHENIAN SEA

内布罗迪山 Mti. Nebrodi

埃特纳火山
Etna

伊奥尼亚海
IONIAN SEA

西西里岛
I.di Sicilia

地中海
MEDITERRANEAN SEA

0    20km

埃特纳火山是地中海地区最高的火山，俯瞰着卡塔尼亚、陶尔米纳海岸以及向内陆延伸至西西里岛中心地带的内布罗迪山森林密布的山脊。在亚平宁半岛的雷焦卡拉布里亚和阿斯普罗蒙特山上都能看到埃特纳火山及其冒出的烟雾。伴随着从伊奥尼亚海吹来的海风，在卡塔尼亚着陆的飞机会环绕火山飞行，乘客可以看到火山口周围壮丽的景象。

埃特纳火山在古代就已经非常有名，阿克拉加斯（现为阿格里真托）的哲学家恩培多克勒很早以前就对埃特纳火山开展了研究，他不仅观测到公元前475年

**P90 上和下**
埃特纳火山的顶峰俯瞰着火山南壁的熔岩阶地，每当火山活动强烈时，会产生裂口和小的次生火山口，并往外喷出熔岩。东北部的火山口（海拔3323米）是埃特纳火山如今的最高点。

**P91**
罗西山这座由火山渣堆成的锥体是由17世纪的一次猛烈喷发形成的，其开口在从扎费拉纳-埃特内阿到萨皮恩扎避难所的公路附近。

埃特纳火山的一次大喷发，之后还爬到火山上进行近距离的观察。据传说，罗马皇帝哈德良也曾登上埃特纳火山口。这座火山传统的西西里名字为"蒙吉贝洛山"（Mongibello），这不禁让人回忆起这座岛屿在伊斯兰教统治下的数百年历史，因为"jebel"在阿拉伯语中是"高山"的意思。1787年，歌德登上了埃特纳火山，并止步于罗西山的双锥体处。地质学家德奥达特·德多洛米厄曾这样形容埃特纳火山："火山口被其内部一道奇怪的白光照亮。"

自公元前475年以来，埃特纳火山已经喷发了140次，平均每20年会有一次大的喷发。1669年，尽管人们进行了无数次游行和祈祷，埃特纳火山的熔岩还是吞没了卡塔尼亚地区，最终流入大海。意大利作家莱昂纳多·夏夏曾这样描述岛上居民对火山的熟悉和畏惧："它就像一只巨大的家猫，静静地打着呼噜；每隔一段时间就会醒来，打个哈欠，再懒洋洋地伸懒腰，抡起爪子扑打山谷，破坏山谷各处，摧毁城镇、葡萄园和花园。"作为一座活火山，埃特纳火山时刻都在发生变化。它当前最高的火山口位于东北部，海拔达3323米。古老的中央火山口处于休眠状态，而诺瓦火山口则间歇性地冒出螺旋状的烟雾。位于东南部的火山口是最近几次喷发的中心，每隔两三天就会往外喷射熔岩，发生"爆炸"，炽热的熔岩块体重量可达100千克，最远可被喷射到100米外的地方。

埃特纳火山现在被划入西西里岛最好的地区公园。大多数游客都是乘坐越野车到达火山海拔约305米的位置，徒步者可在向导的陪同下继续往上前往火山口，或者步行三天环绕整座火山。在冬季，滑雪爱好者可以尽享扎费拉纳滑雪道和林瓜格洛萨滑雪道，或者穿越整座火山。在冬季晴朗的时候，从埃特纳火山可以看到卡拉布里亚和利帕里群岛。

**P92-93**
埃特纳火山最近的火山活动集中在诺瓦火山口和东南部的火山口。但火山上部的火山渣锥同样会喷出熔岩、喷涌物，甚至是块状物。

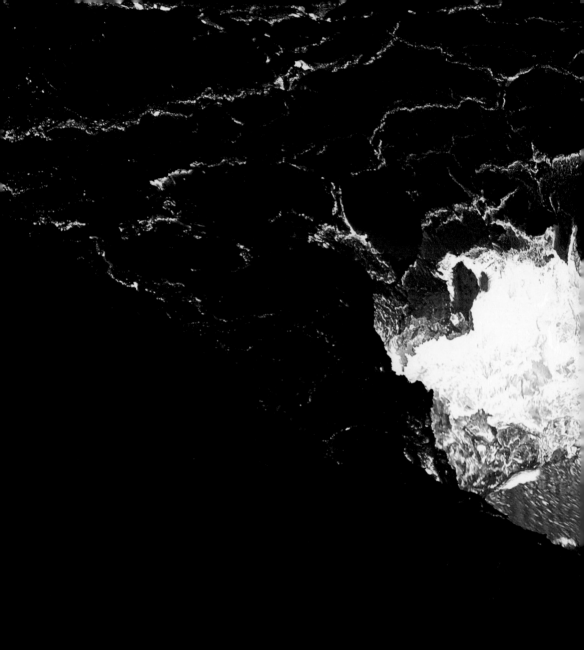

从埃特纳火山的火山口和火山渣锥喷涌而出的熔岩
是欧洲最壮观的自然景观之一。这座火山已经持续
喷发了约60万年。

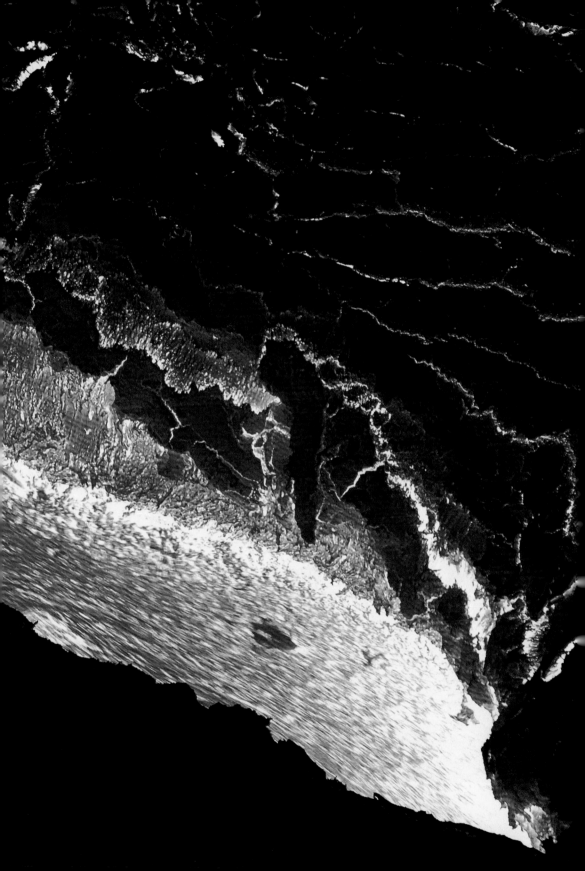

# Mount Olympus

## 奥林波斯山
### 希腊

赛尔迈湾
Thermaïkos
Kolpos

奥林波斯山
Mount Olympus

希腊
GREECE

爱琴
AEGEAN

0    15km

**P96**
斯卡拉峰、米蒂卡斯峰和斯特丹尼峰俯瞰着荒凉的卡扎尼亚冰斗。卡扎尼亚意为"大锅"，这个冰斗位于奥林波斯山朝向利托霍罗村庄和爱琴海的一侧。

**P97**
对登山者和徒步者而言，冬季的奥林波斯山的西壁远不如东壁有吸引力，但却是滑雪越野爱好者最喜欢的场地之一。在该区修建一条新滑雪缆车的项目一直以来都是希腊及全球环保人士关注的焦点。

　　"宙斯之山"（Mountain of Zeus）远眺着爱琴海和古马其顿最重要的城市之一——迪翁城的遗迹。雄伟壮观的奥林波斯山上布满沟壑，顶峰米蒂卡斯峰海拔高达2917米，是希腊和巴尔干半岛的最高峰。主峰表面是壮观的石灰岩壁，两侧分别是斯科利奥峰（海拔2911米）、被称为"宙斯的王座"（Throne of Zeus）的斯特凡尼峰（海拔2909米），以及斯卡拉峰（海拔2866米）。

　　奥林波斯山临海的一侧陡峭且荒凉，这里有卡扎尼亚岩石冰斗；西坡则较为平缓，有一处名为"弗里索波罗斯"的小型滑雪场。由于奥林波斯山（其名字意为"发光的高山"，因其在冬季时，被积雪覆盖的山体犹如发光一般）靠近海岸公路和爱琴海路线，古希腊人将其视为宙斯和其他众神的家园，并认为他们是在这里战胜了泰坦人（Titans）。

　　近一个世纪以来，奥林波斯山因其美丽而易碎的石灰岩壁吸引了众多欧洲登山家。1913年，瑞士登山家D.鲍德·博维和F.布瓦森纳斯在希腊人K.卡卡勒斯的陪同下，沿着难度较低的登山路线（后来成为当代常规路线）首次登顶米蒂卡斯峰。1934年，曾在多洛米蒂山取得巨大成就

的来自的里雅斯特的登山家埃米利奥·科米西登上了斯特丹尼峰的东北壁。

　　20世纪50—60年代，约戈斯·米凯利迪斯对奥林波斯山的岩石进行了系统勘探，并在奥林波斯山开辟出15条新的登山路线，其中，位于米蒂卡斯峰西壁的两条登山路线的难度等级达到了VI级。科斯塔斯·佐洛塔斯经常与米凯利迪斯一起组队登山，几十年来，他一直经营着奥林波斯山上最为繁忙的避难所。

奥林波斯山带给人们的不只有石灰岩壁和神话传说。朝向马其顿的一侧景色单调，但朝向爱琴海的山坡密布芳香植物，由低海拔的橡树林逐渐过渡为针叶林和刺柏灌丛。奥林波斯国家公园占地面积达445平方千米，以其独特的地质条件和动植物资源成为希腊最受欢迎的公园。

虽然奥林波斯山没有国家公园那么受欢迎，但每年仍有数千名来自塞萨洛尼基、雅典乃至全世界的徒步者，从利托霍罗出发去往米蒂卡斯峰及其他山峰。20世纪90年代，人们设想在奥林波斯山脚下建造一座迪士尼乐园，并修建一条从迪士尼到奥林波斯山各座山峰的索道。但由于这个项目会破坏奥林波斯山的环境，所以遭到徒步者和登山者的极力反对，最终项目被取消。这是一次成功的环境保护行动。

**P98-99**
斯特凡尼峰是继米蒂卡斯峰和斯科利奥峰之后的奥林波斯山第三高峰。1934年，的里雅斯特登山家埃米利奥·科米西首次在斯特凡尼峰布满平行裂缝的垂直西壁上开辟出一条登山路线。

**P99**
几千年来，在大自然的风化侵蚀作用下，从利托霍罗到奥林波斯山顶峰之间的陡峭山谷两侧形成了一片尖塔峰群。而且奥林波斯山的山体岩石易碎，包括米蒂卡斯峰和斯特凡尼峰的登山路线上的岩石亦是如此。

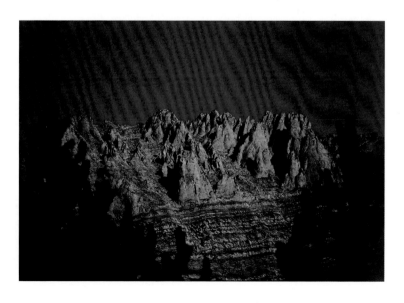

# 第二章

# 非洲

AFRICA

当人们提到非洲，首先想到的会是马萨伊－马拉和塞伦盖蒂的稀树草原、卡拉哈迪沙漠和撒哈拉沙漠的黄沙，以及刚果民主共和国的热带雨林等，而这些景观与高山景观完全不同。我们设想的是一个辽阔而充满野性的世界，那里栖息着大象和狮子，甚至时至今日，人们在非洲旅行时仍会乘坐骆驼或独木舟。远古时期的人类遗骸，埃及、北非穆斯林及埃塞俄比亚科普特人（Coptic）的远古文明，万花筒般的民族文化，还有非洲大陆各个城市、国家之间在现今所面临的各种问题，都能帮助我们加深对非洲的了解。

其实，非洲也是一个多山的大陆。从阿特拉斯山脉（位于地中海海岸与撒哈拉沙漠之间）的山脊，到俯瞰着开普敦的桌山，非洲大陆拥有许多奇特的山脉、高原、岩石尖峰和孤立的火山。而其中只有一小部分高山闻名于世，大多数则鲜为人知。然而，所有山脉上都栖息着独特且迷人的动植物群，目前已成为探险家和登山家的绝佳探险场所。

非洲的一些高山离人类的居住地很近。如图卜卡勒山和摩洛哥阿特拉斯山脉的其他高山成了马拉喀什省、梅克内斯省和非斯省等古老城市的背景。埃塞俄比亚的最高峰——达尚峰坐落于拉利贝拉岩洞教堂附近。而阿杜瓦的岩峰见证了1896年非洲军队与欧洲军队之间最惨烈的一场战争。

人们在阿尔及利亚的阿杰尔高原和利比亚的塔德拉尔特·阿卡库斯发现了非洲大陆最独特的史前岩画。阿尔及利亚的阿哈加尔高原和尼日尔的阿伊尔高原上的高山为图阿雷格游牧民族

（Tuareg）的发源地。而马萨伊和吉库尤的原住民以及20世纪初的白人殖民者均是在基里尼亚加峰山脚下发展起来的。另一方面，祖鲁人（Zulus）的辉煌历史在德拉肯斯山脉的山脚下上演。

除了上述高山，非洲其他被旷野围绕的高山则显得相对孤立。如乌干达与刚果民主共和国边境的鲁文佐里山及其附近的维龙加火山群，四周均为茂密的热带雨林，栖息着非洲仅存的山地大猩猩。从利比亚或乍得出发，经过漫长的旅途，可以到达撒哈拉沙漠的最高峰——提贝斯提山，这里到处是暴露在烈日下的炽热的红色岩石。

还有一些由岩石和沙砾交替组成的山峰，如被沙漠包围的纳米比亚的最高峰斯皮茨科佩山和南非的西达伯格山脉。而非洲大陆的最高峰——乞力马扎罗山则高耸于肯尼亚的安博塞利国家公园内，公园里栖息着大象、羚羊和狮子。

正是这些独特的景象成就了非洲的传奇。

---

**P100 左**
坦桑尼亚的伦盖火山最高点海拔达2878米。

**P100 中**
阿尔及利亚的哲嫩山东壁有两座巨大的尖峰，海拔达2330米。

**P100 右**
贝克山坐落在鲁文佐里山国家公园的布尤库山谷中，相对高度达4844米。

**P101**
在乞力马扎罗山顶峰（海拔5894米）以下约4603米处的坦桑尼亚稀树草原是野生动植物的家园。

# Garet el Djenoun

## 哲嫩山
### 阿尔及利亚

大 西 洋
ATLANTIC
OECAN

阿 尔 及 利 亚
ALGERIA

哲嫩山
Garet el Djenoun

撒 哈 拉 沙 漠
S a h a r a

0    130km

**P102**
哲嫩山在阿拉伯语中意为"灵魂之山"。

**P103**
在黎明的阳光照耀下，距离塔曼拉塞特数千米的阿哈加尔山脉显得更为优雅，这是阿尔及利亚境内的撒哈拉沙漠中最为壮观的景象。照片中部布满裂缝和石柱的山峰是南泰佐拉格山，上面开辟了多条难度很大的登山路线。

　　撒哈拉沙漠是世界上面积最大的沙漠，其范围北起地中海，南抵萨赫勒地区，东邻红海，西至大西洋沿岸。但撒哈拉沙漠并不只有沙丘和绿洲，还有一些令人称奇的岩石山峰。例如，在尼日尔的阿加德兹和泰内雷沙漠附近耸立着由砂岩构成的塔状的阿伊尔山；在马里有洪博里山；在利比亚和乍得之间的提贝斯提山则是撒哈拉沙漠最高峰的所在地。在尼罗河和红海之间的利比

亚、毛里塔尼亚和埃及境内，还分别耸立着撒哈拉沙漠的其他岩石尖峰。

　　撒哈拉沙漠中最引人注目的高山位于阿尔及利亚南部地区。人们在阿尔及利亚与利比亚交界的阿杰尔高原地区发现了数千幅可追溯到公元前8000年的岩画，根据这些岩画，可以了解撒哈拉沙漠地区的民族文化以及沙漠气候和动物群的演化历程。近几十年来，在更北边的塔曼拉塞特附近，阿哈加尔高原上的花岗岩峰成为欧洲登山家挑战的目标。

　　在非洲最令人难忘的环境下，阿尔及利亚的最高峰塔哈特山（海拔2918米）攀登难度并不大，而泰豪莱格山、萨乌音楠山、伊拉曼内山和达乌达山的峰壁及锯齿状山脊则要求登山者精准地踏出每一步。在另一座攀登难度不大的阿塞克雷姆山上，有一座由查尔斯－尤金·德富科神父于1905年建造的修道院。1916年，一名苦行僧（曾经是一名士兵）在修道院中被一群利比亚反叛者杀害。

　　在阿哈加尔高原偏北部的泰费代斯特山上，耸立着撒哈拉沙漠最著名、最险峻的高峰——海拔2330米的哲嫩山，其名意为"灵魂之山"（Mountain of the Spirits）。哲嫩山四周均是碎石堆和沙丘，两侧分别是塔考巴山（一整块巨石）和因阿科尔毛山（由数量惊人的碎石堆积而成）。哲嫩山有数条由法国登山家和西班牙登山家开辟的难度极大的登山路线。而其中最著名的是一条复杂的常规路线，是由沙莫尼登山家罗杰·弗里森－罗奇和雷蒙德·科奇队长于1935年开辟的。在这条登山路线中，沿着山坡往上，厚石板、光滑的裂缝与岩脊（欧洲盘羊栖息的地方）交替出现。由于哲嫩山处于完全孤立的状态，所以在这两名法国登山家到达山顶的高原之前，他们只需要翻过一条裸露的火山通道、一块破碎的岩石板，以及一块生长着野生橄榄树的岩架。弗里森-罗奇在《撒哈拉沙漠穿越之旅》（*Carnets Sahariens*）一书中写道："我们仿佛乘坐着能想象到的最大的船，航行在大西洋的中心。"

**P104-105**
哲嫩山陡峭的北壁俯瞰着位于泰费代斯特山山脚处的阿里亚雷特干谷的沙地、岩石和刺槐，这是阿尔及利亚境内的撒哈拉沙漠最壮丽的景观。

# Nyiragongo

## 尼拉贡戈火山

刚果民主共和国

爱德华湖
Lake Edward

尼拉贡戈火山
▲ Nyiragongo

基伍湖
Lake Kivu

维多利亚湖
Lake Victoria

Monts Mitumba

米通巴山脉

刚果民主共和国
D.R.CONGO

0    75km

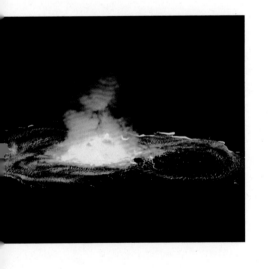

**P106**
在火山的喷发期间，尼拉贡戈火山的巨大火山口形成了一个宽大于487米、深约198米的惊人而耀眼的火山熔岩湖。

维龙加火山群位于刚果、卢旺达和乌干达的国境线上，其中坐落于刚果的尼拉贡戈火山（海拔达3470米）是全球最活跃的活火山，俯瞰着戈马和基伍湖。维龙加火山群的最高峰为卡里辛比火山（海拔4507米），而米凯诺火山、萨比尼奥火山、维索凯火山、穆哈武拉火山、姆加欣加火山和尼亚穆拉吉拉火山等火山的高度虽然比不上其他高山，但其猛烈的喷发摧毁了火山周围的地区，使该地区长期以来成为火山学家的研究热点。

基图罗火山坐落在尼亚穆拉吉拉火山和尼拉贡戈火山之间，是一座由火山碎屑堆积成的圆锥形山体。在其对外开放数周后，法国火山学家哈伦·塔兹耶夫这样描述基图罗火山喷发时的场景："在每一次剧烈的喷发之后，都会有一个短暂的平静期，棕色或蓝色的浓郁烟雾螺旋上升，整座火山晃动着，发出震耳欲

**P107 上**
从火山口底部喷涌而出的熔岩照亮了火山口和尼拉贡戈火山的上部区域。海拔达3062米尼拉贡戈火山也有类似的奇观，沿着戈马和贝尼之间的公路步行一天半后即可到达。

**P107 下**
虽然最上层的熔岩已经开始慢慢凝固，但裂缝的产生表示在其之下的熔岩仍持续地流动着。这张照片拍摄于2002年1月，尼拉贡戈火山正处在最活跃的一个时期。

聋的'隆隆'声，如同巨型犬在嚎叫。但这个平静期无法令人放松紧张的神经，因为很快就会有一轮新的喷发接踵而来，伴随着剧烈的震动，火山熔岩喷发并发出'嗡嗡'声。"塔兹耶夫在1951年出版的《在火山口上》（ *Cratères en Feu* ）一书中详细描写了他在非洲的探险，这是一本火山学和探险领域的经典著作。

基伍湖以北的整个火山区被称为维龙加火山群，是因为在卢旺达语（这片区域最常用的语言）中，维龙加意为"炽热之地"或"炖锅"，被用来描述所有火山的起源。长期以来，壮观的尼拉贡戈火山吸引着源源不断的游客。在刚果还没有被各种内战和冲突影响时，游客可以沿着穿过熔岩坡和火山喷气口的通道往上，经过5小时的行程后到达一个直径500米的惊人的火山口。火山口四周是深达198米的岩壁，被炽热的岩浆照亮。经过几十年的休眠后，尼拉贡戈火山在1996年和2001年相继喷发，严重威胁着戈马及周围的城镇。

尼亚穆拉吉拉和尼拉贡戈火山最吸引人的地方在于它们的火山活动。不过维龙加火山群最东部的火山都是死火山，上面覆盖着茂密的森林，这片区域是山地大猩猩的栖息地。美国动物学家戴安·福西长期以来一直致力于保护山地大猩猩，甚至因此惨遭杀害。刚果、卢旺达和乌干达已开展山地大猩猩的长期保护项目。目前观察山地大猩猩的最佳场所是位于乌干达的布温迪保护区。近距离观察山地大猩猩与欣赏尼拉贡戈山的岩浆一样都是很奇特的经历。

**P108-109**
从这张照片可以看到2003年尼拉贡戈火山喷发时从火山口喷出的巨大烟云。这座火山海拔达3470米，俯瞰着戈马和维龙加国家公园。

# Ruwenzori Range

# 鲁文佐里山
## 乌干达—刚果民主共和国

非洲最荒凉的山区曾是欧洲各国的殖民地。在旧时英国殖民地与比利时殖民地的边界，即现在的乌干达和刚果民主共和国的边境，矗立着非洲大陆的第三高峰——鲁文佐里山。鲁文佐里山的最高峰是海拔5109米的玛格丽塔峰（以酷爱玫瑰峰的意大利王后的名字命名），它是一座由岩石和冰组成的金字塔形山峰。在它不远处还有其他海拔相对较低的被风侵蚀的岩石冰峰，分别以英国王后亚历山德拉和比利时国王艾伯特的名字命名。另外几座俯瞰薄雾笼罩的莫布库山谷和布久库山谷的次一级山峰则以萨伏依王朝（House of Savoy）成员的名字命名，如翁贝托、维托里奥·埃马努埃莱、约兰达和埃琳娜等。这不禁让人想起登上鲁文佐里山脉的第一人——萨伏依阿布鲁齐地区的路易吉·阿梅迪奥公爵。

1888年，英裔美国探险家亨利·莫顿·斯坦利在

**P110和P111**
亚历山德拉峰是鲁文佐里山的第二高峰，在过去的几十年里，山上覆盖着的大部分冰已经融化。时至今日，阿布鲁齐公爵及其库马约尔向导于1906年所攀登的覆盖着积雪的优雅山脊已所剩无几。

**P112 上**
鲁文佐里山脉的西侧比朝向乌干达的一侧更为陡峭，从刚果民主共和国境内的贝尼镇出发就可以到达。如果要到达玛格丽塔峰和亚历山德拉峰脚下，需要历时4天的攀登，先是穿过森林，然后在千里光属（Senecio）和半边莲属（Lobelia，这类巨大的多肉植物遍布非洲的所有高山）的植物群中继续前行。

**P112 下**
鲁文佐里山在乌干达一侧的众多湖泊中，风景最秀丽的莫过于位于弗雷什菲尔德山口西侧海拔约4267米的基坦达拉湖。远处能看到塞拉峰（海拔4658米），以及路易吉萨伏依山的其他几座山峰。

**P112-113**
近处是位于玛格丽塔峰山脚处的冰封的斯坦利高原。远处，斯皮克山的顶峰——维托里奥·埃马努埃莱峰（海拔4913米）在云雾中清晰可见。

探险过程中发现了鲁文佐里山，成为第一个看到鲁文佐里山的白种人。当时，他这样描述："少年指着远处告诉我那是一座覆盖着盐的高山，而我看到的是一朵形状奇特的云，呈美丽的银色，它的比例和外观就像是一座被雪覆盖的巨大高山……随后，当我的视线向下来到东、西部高原之间的峡谷时，我才意识到这并不是想象出来的巨型高山，而是一座真实的顶峰被积雪覆盖的高山。"而这也证明了托勒密所描述的"月亮山"传说是真实的。

旅行者发现鲁文佐里山是一条包含着6座高山、25座山峰（海拔均超过4000米）的复

杂山脉，所有山坡都被茂密的、童话般的植被所覆盖。1906年，路易吉·阿梅迪奥来到鲁文佐里山，并与库马约尔向导约瑟夫·佩蒂盖克斯和劳伦特·佩蒂盖克斯，以及西泽·奥利尔和约瑟夫·布罗奇赖尔一同登顶玛格丽塔峰。随后，这支探险队相继征服了鲁文佐里山的所有高峰，随行的著名摄影师维托里奥·塞拉拍摄了一些顶峰、森林和冰川的绝美照片。

在之后的几十年里，其他登山家也相继征服了鲁文佐里山难度最大的一些峰壁，并在鲁文佐里山的两侧建立了一些基础避难所。但由于鲁文佐里山恶劣的气候和艰难而泥泞的道路，以及令乌干达和刚果（曾有几十年被称为"扎伊尔"）两国动荡的政变、战争等因素的影响，鲁文佐里山不像乞力马扎罗山或基里尼亚加峰那样受欢迎。鲁文佐里山在刚果境内被划入维龙加国家公园，在乌干达境内被划入鲁文佐里山国家公园，其环境受到了很好的保护，因此这一非洲大陆第三大山脉仍是探险爱好者乐于前往的所在。

布久库湖所在的宽阔、平坦的盆地位于布久库山谷的前段，海拔约3962米。远处可以看到斯坦利山被云部分遮挡的岩石东壁。

# Ol Doinyo Lengai

## 伦盖火山

### 坦桑尼亚

维多利亚湖
Lake Victoria

伦盖火山
Ol Doinyo Lengai

坦桑尼亚
TANZANIA

印　度
INDIAN OC

0　　125km

**P116**
伦盖火山陡峭的熔岩坡和沙坡俯瞰着恩加雷－塞罗的马萨伊村附近荒凉的高原。

**P117**
伦盖火山的熔岩比其他火山的熔岩温度更低，流动性更强。白天时，这种熔岩不会发出炽热的光，当气体含量足够低时，看起来就像水一般。有时候，从两个火山口喷出来的熔岩类似于泥石流。

　　在坦桑尼亚和肯尼亚国境线的正南方向坐落着一座非常特别的火山——伦盖火山，它在马萨伊被视为"神山"，对当地人来说是神圣不可侵犯的。伦盖火山位于东非大裂谷阿鲁沙地区的西北部。而阿鲁沙是攀登乞力马扎罗山及游览塞伦盖蒂国家公园、马尼亚拉湖、恩戈罗恩戈罗火山口和坦桑尼亚北部其他著名自然景观的起点。

　　伦盖火山是东非仅存的活火山，比周围的其他高山要矮得多，最高点海拔约2878米，顶峰有两个邻近的火山口，但其最特别的地方在于它是当前已知的唯一一座喷发钠碳酸盐熔岩的火

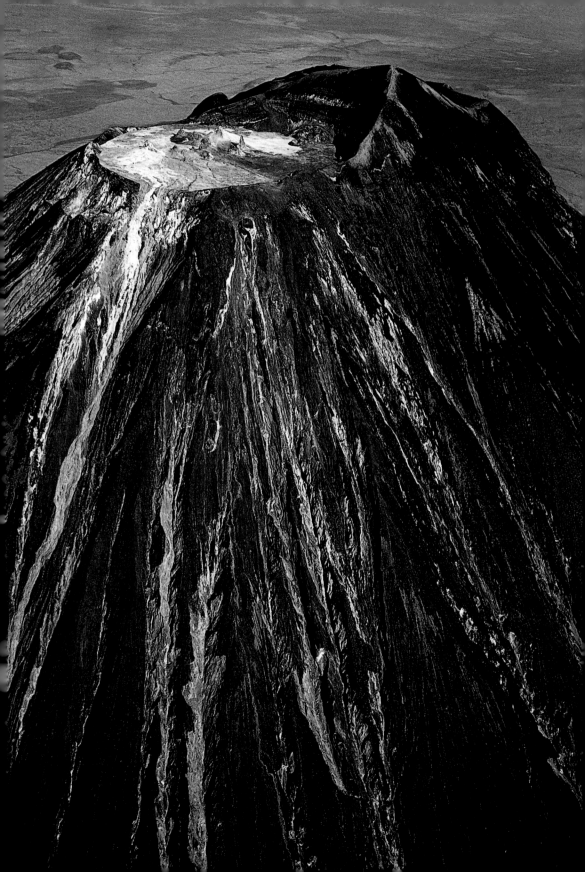

当伦盖火山相邻的两个火山口交替出现平静期和爆
发期时，这里就会变得很危险。

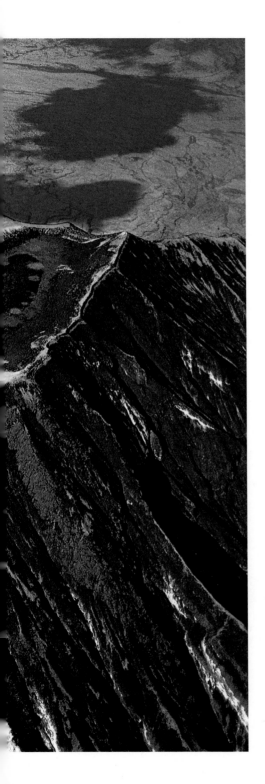

山。与其他类型的火山相比，伦盖火山的熔岩温度要低得多（只有510℃，而玄武岩熔岩的温度可达1100℃），流动性更强。熔岩通过细小的寄生熔岩锥（高约15米）到达地表，火山学家将这种寄生熔岩锥称为"熔岩滴丘"（hornitos，意为"小喇叭"）。熔岩滴丘有时会将火山灰（圆的或有棱角的碎片或熔岩）用力喷向空中。

伦盖火山的钠碳酸盐熔岩在白天时不会发出炽热的光，而更像是一种浮油。如果熔岩中的气体含量足够低，它看起来甚至更像是水。过去有很多游客都说见到了泥石流。而在夜晚，伦盖火山的熔岩呈现出橙色色调，远不如其他火山的熔岩那么明亮。熔岩刚凝固时是黑色的，其中所含的晶体在阳光的照射下会闪闪发光。一旦与空气中的水分接触，熔岩便会产生化学反应，导致颜色迅速变为白色。如果碰到下雨，这种转变几乎是即时的。

从20世纪80年代开始，越来越多的游客开始观察伦盖火山的火山活动，最近，火山学家也加入了数量日益增长的游客队伍中。当火山的平静期和爆发期交替出现时，这里会变得很危险。登上火山口的过程非常艰辛，因为从恩加雷－塞罗的马萨伊村出发后，需要在酷热的沙地环境中攀爬1700米。不过一旦到达火山口，就可以在其周围的沙地上舒适地露营了。

幸运的是，火山口周围恶劣的环境并不影响野生动物的生存，比如，顶峰上栖息着毒蛇（特别是眼镜蛇）、小羚羊和猛禽等，而在沙地上还可以经常看到豹的足迹。

# Kirinyaga

# 基里尼亚加峰

肯尼亚

图尔卡纳湖
Lake Turkana

基里尼亚加峰
Kirinyaga

维多利亚湖
Lake Victoria

肯尼亚
KENYA

印 度 洋
INDIAN OCEAN

0      125km

**P120**

与非洲其他的高山一样，基里尼亚加峰林线以上的植被以千里光属（即照片中的植物）和半边莲属植物为主。

**P121 上**

基里尼亚加峰的北壁俯瞰着麦金德山谷，是整座山最著名、最受欢迎的一处景点。在照片中能清晰地看到巴蒂安山（位于照片左侧）、奈利昂山及锯齿状的约翰峰。

基里尼亚加峰旧称"肯尼亚山"，被誉为"非洲的马特峰"，位于非洲大陆最美丽、最令人惊奇的肯尼亚山国家公园中，距离赤道仅数十米远，俯瞰着肯尼亚最肥沃的高原。基里尼亚加峰在马萨伊（该地将其称为"Ol-Donyo-Oibor"，意为"白色的高山"）、桑布鲁和吉库尤（这两个地区将其称为"Kere-Nyaga"）等地被视为神山，最高峰是两座相邻的岩峰——巴蒂安山和奈利昂山，海拔分别为5199米和5188米，两座山峰之间的缺口被称为"迷雾之门"（Gate of Mists）。

莱纳纳峰位于奈利昂山东侧岩壁的山脚处，由碎石和积雪组成，海拔达4985米。据登山家兼作家费利切·贝努齐记录："（莱纳纳峰）和秋天时古罗马的房子一样，呈现闪亮的黄色，日落前会被'染成'红色。"由于攀登难度不大，莱纳纳峰成为来到非洲的

**P121 下**
巴蒂安山、奈利昂山及附近的高山俯瞰着形成于冰碛物之间的数十个翠绿色的冰斗湖。这张航拍照片呈现了位于纳纽基山谷顶部的埃默拉尔德冰斗湖。

**P122 上**
基里尼亚加峰是非洲最受欢迎的旅游目的地之一，每年都会迎来数百名登山者。

**P122 下左**
照片左侧的钻石雪沟位于巴蒂安山和奈利昂山之间。1973年，菲尔·斯奈德和森比·马森格沿着钻石雪沟首次登顶。

**P122 下右**
从基里尼亚加峰东部高耸的莱纳纳峰眺望，奈利昂山犹如一座孤立的山峰，挡住了巴蒂安山。

**P122-123**
从奥地利营地到路易斯冰川的斜坡有一条难度较低的登山路线，步行即可到达莱纳纳峰峰顶。

徒步者中极受欢迎的山峰。在其周围是一些形态各异的次级山峰，如森代约峰、特雷里峰和约翰峰，还有一些快速融化的冰川，其中最大的冰川是路易斯冰川。

在海拔约3962米处，分布着众多湖泊和冰碛物，这里的植被由千里光属和半边莲属植物为主，此外还有纤弱的蜡菊属（*Helichrysum*）植物及其他本土植物。在海拔3962米以下就是令人惊奇的基里尼亚加峰的森林，森林中的植物种类繁多，如欧石南、苔藓、香槐及高耸的血桐属（*Macaranga*）植物等。甚至还能看到疣猴在血桐属植物上尖叫或穿梭于树间的画面。

在基里尼亚加峰之上的天空，则是鹰、秃鹫及珍稀的麦金德雕鸮的领域。森林中栖息着数量众多的野牛、非洲象和豹，同时还有诸如麂羚和南非林羚等胆怯的小型羚羊。而其中最容易遇到的动物是蹄兔，这是一种在外形和大小上与旱獭相似，却与大象亲缘关系更近的哺乳动物。

19世纪下半叶，欧洲探险家就已经发现并描述了基里尼亚加峰，但直到蒙巴萨至内罗毕的铁路开通（意味着非洲内陆与海岸相连）后，才有越来越多的人来到基里尼亚加峰。1885年，苏格兰探险家约瑟夫·汤姆森形容基里尼亚加峰是一座"闪闪发光的雪白高山，就连切面也是闪亮的，如同一颗华丽而巨大的钻石"。1887年，匈牙利的塞缪尔·特莱基·德塞克伯爵登上了该山海拔4700米高的位置。1893年，英国地质学家约翰·沃尔特·格雷戈里首次发现基里尼亚加

峰实际上是一座古老火山的遗迹。

1899年，英国地理学家哈尔福德·麦金德与库马约尔高山向导西泽·奥利尔和约瑟夫·布罗奇赖尔首次成功登顶巴蒂安山。在登山过程中，他们穿越了难度等级达Ⅳ级的岩石通道和极具挑战性的冰坡，后者因硬度很大而被称为"钻石冰川"（Diamond Glacier）。

在之后的数十年里，欧洲许多著名的登山家相继征服了基里尼亚加峰上的岩壁和冰川。其中最冒险的一次登山发生在1943年1月，三名意大利战俘——费利切·贝努齐、乔瓦尼·巴莱托和温琴佐·巴尔索蒂从纳纽基附近的一个英国战俘营逃脱，穿过危险密布的森林后朝高山奔去。他们利用从战俘营的床上获得的麻绳以及用金属碎片制作出的冰斧和冰爪等简陋的装备，登上了巴蒂安山的岩壁。而他们此前对基里尼亚加峰唯一的了解竟然是罐头标签上的一张风景照片。

虽然这三名意大利战俘未能成功登顶巴蒂安山，但他们攻克了莱纳纳峰，并在峰顶插上了意大利国旗，然后下山向英国人投降了。战争结束后，费利切·贝努齐写了一本书——《在肯尼亚山上没有野餐》（No Picnic on Mount Kenya）。由于当时很少有关于山峰和攀登的书会讲述如此浪漫、绝望而真实的冒险经历，这本书理所应当地成为畅销书。

# Kilimanjaro

# 乞力马扎罗山

坦桑尼亚

维多利亚湖
Lake Victoria

乞力马扎罗山
Kilimanjaro

坦桑尼亚
TANZANIA

印 度
INDIAN OC

0　　　125kr

**P124**
沿着马切姆路线穿行于巴兰科山谷时，可以看到乞力马扎罗山南壁上覆盖着的壮观冰川。徒步登上这座非洲最高峰然后再下山，整趟旅程至少需要5天。

**P125 上**
时至今日，在肯尼亚安博塞利国家公园的稀树草原上所看到的乞力马扎罗山，依然如1938年欧内斯特·海明威所描述的那样——"它就像世界那样宽广，既宏伟又高大，在阳光的照耀下白得让人难以置信"。

**P125 中和下**
1887年，德国地理学家汉斯·迈耶和奥地利登山家路德维希·珀思谢勒首次登顶乞力马扎罗山。在那之后的一个多世纪以来，登上乞力马扎罗山顶峰山脊的登山家们，都会遇到火山口北部边缘的冰崖。

　　乞力马扎罗山（海拔5895米）坐落在坦桑尼亚距离肯尼亚边境仅数千米的热带稀树草原上，成为安博塞利国家公园内的大象、羚羊和狮子活动时的最美背景。1938年，美国记者兼作家欧内斯特·海明威在乞力马扎罗山的山脚下（他并未登顶该山）观察后这样描述："它就像世界那样宽广，既宏伟又高大，在阳光的照耀下白得让人难以置信！"

　　其实在很久以前就有人提到过乞力马扎罗山，如托勒密曾将乞力马扎罗山描述为在非洲中心

地带的"一座巨大的雪山"。1519年，西班牙
的费尔南德斯·德恩西斯科则这样形容乞力马
扎罗山："埃塞俄比亚的奥林波斯山，位于蒙巴
萨以西，非常高大，周围的土地遍布黄金，到处
是野生动物。"但直到1848年，瑞士传教士约
翰·雷布曼看到乞力马扎罗山，欧洲人才开始认
识这座非洲最高的火山。

　　1886年，维多利亚女王将乞力马扎罗山授
予她的侄子——未来的皇帝威廉二世。一年后，
德国地理学家汉斯·迈耶和奥地利登山家路德维
希·珀思谢勒登上了乞力马扎罗山的最高峰，他
们将其命名为"威廉皇帝峰"。1961年底，当坦
桑尼亚独立时，乞力马扎罗山的最高峰被更名为
"乌呼鲁峰"，在斯瓦希里语中意为"自由"。

　　如今，乞力马扎罗山及其基博火山锥与奇异

的岩峰——马温齐峰都被划入乞力马扎罗山国家公园的保护范围,每年都会吸引数千名来自世界各地的徒步者前来。在乞力马扎罗山的登山路线中,最受欢迎的是马兰古路线(也被称为可口可乐路线),其起点是一片以香槐和血桐属植物为主的辽阔森林,在穿过各种蜡菊属植物和壮观的巨型石楠属植物后,可在萨德尔峰那如月球表面一般的景观中穿梭。在海拔4700米的基博营地度过一个不眠之夜后,沿着松散的火山岩碎屑中向乞力马扎罗山的火山口和顶峰攀登,这会是一趟令人筋疲力尽的旅程。

虽然乞力马扎罗山的顶峰基博峰仍然是俯瞰非洲大陆的极佳场所,但曾经突显于火山口边缘的冰崖现已所剩无几。20世纪20年代,人们在基博峰发现了一具冰冻的猎豹尸体,如今,乌鸦和非洲猎犬经常出没于此。在基博峰东南壁分布着由全球最顶尖的登山家开辟的登山路线,在峰壁之下是壮观的海姆冰川和德肯冰川,冰川上纵横交错着许多巨大的冰隙。当沿着马切姆路线(也称为威士忌路线)穿行于乞力马扎罗山最荒凉、最偏僻的巴兰科山谷时,可以欣赏到这些壮观的冰川。

---

**P126-127**
这张航拍照片展示了乞力马扎罗山的火山口边缘冰崖未消退时的壮景。左侧可以看到乞力马扎罗山的最高峰乌呼鲁峰(海拔5895米)。

# 第三章
# 亚洲

ASIA

全球最高且最具挑战性的高山皆坐落在亚洲的中心。喀喇昆仑山脉和喜马拉雅山脉位于印度河和雅鲁藏布江之间，从高寒的中国西藏到酷热的印度平原，绵延1930余千米。这两条山脉上耸立着150座世界级高峰，其中就包括全球14座海拔8000米以上的高峰。长期以来，世界最高峰珠穆朗玛峰的海拔被定为8844.43米，2020年5月27日，中国珠峰高程测量登山队成功登顶珠峰，测得最新海拔数据为8848.86米。

在喜马拉雅山脉上，有着干城章嘉峰、洛子峰、马卡鲁峰、道拉吉里峰、安纳布尔纳峰、南伽峰、马纳斯卢峰、卓奥友峰和希夏邦马峰等高山。在喜马拉雅山脉西北部的喀喇昆仑山脉上，最高峰乔戈里峰（曾被称为"戈德温奥斯丁峰"）的海拔为8611米。在乔戈里峰两侧耸立着布洛阿特峰、加舒尔布鲁木Ⅰ峰和加舒尔布鲁木Ⅱ峰。

如果将视角延伸到喜马拉雅山脉和喀喇昆仑山脉之外，我们就会发现亚洲的其他山脉也有许多海拔在7000米以上的高峰，如兴都库什山脉的最高峰蒂里奇米尔峰（海拔7690米），天山山脉的托木尔峰（海拔7439米），帕米尔高原的最高峰公格尔山（海拔7719米，位于中国境内）。此外，在帕米尔高原西部还有索莫尼峰（海拔7495米）等其他高山。

亚洲的高山是登山史中许多传奇、知名故事的发生地。1921年，一支英国探险队首次尝试攀登珠穆朗玛峰。1950年，法国登山家莫里斯·赫佐格和路易斯·拉什耐尔登顶海拔8091米的

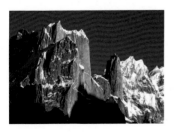  

安纳布尔纳峰，成为首次登上8000米高山的人。1953年，埃德蒙·希拉里和丹增·诺盖征服了珠穆朗玛峰。次年，意大利登山家登顶乔戈里峰。1986年，莱因霍尔德·梅斯纳成为全球首位登顶所有8000米以上高山的登山家。

然而，在征服这些世界级高峰的过程中也伴随着可怕的悲剧。如1934年和1938年，南伽峰分别发生了巨大的雪崩，当时攀登该峰的探险队均被瞬间吞没；由于各种意外事故的发生和暴风雪的侵袭，1986年的乔戈里峰上有14名登山者遇难，1996年的珠穆朗玛峰上有12名登山者遇难。

关于喜马拉雅山脉的故事并不只有登山，喜马拉雅山区还是世界三大宗教——伊斯兰教、印度教和佛教的聚集地。雄伟雪山脚下的宽广区域通常分布着僧院和历史古城，还形成了多条贸易通道。环绕高山和冰川所建立的保护区内栖息着雪豹、亚洲黑熊，以及盘羊和喜马拉雅塔尔羊（外形类似山羊）等有蹄类动物。

与喜马拉雅山脉及其邻近的山脉相比，亚洲大陆的其他高山显得尤为低调。但其实亚洲也孕育了许多重要的山脉。例如，朝向非洲和亚洲的神山——穆萨山，中东地区的阿勒山至达马万德山之间的高山，远东地区的堪察加半岛火山群，还有土耳其的托罗斯山脉，日本和韩国的一些虽然不高但极受欢迎的高山，印度尼西亚的火山群及加里曼丹岛的基纳巴卢山等。

---

**P128 左**
克什米尔地区的大川口峰（海拔6257米）和无名峰（海拔6250米）。

**P128 中**
从巴尔托洛冰川看到的加舒尔布鲁木IV峰（海拔7925米，位于中国与克什米尔地区的边界）。

**P128 右**
日本富士山的东北侧。

**P129**
从昆布冰川向西南方向眺望珠穆朗玛峰。

# Müsá

## 穆萨山

埃及

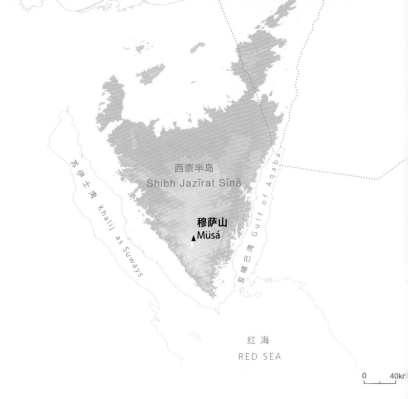

西奈半岛
Shibh Jazīrat Sīnā

苏伊士湾 Khalij as Suways

亚喀巴湾 Gulf of Aqaba

穆萨山
▲ Müsá

埃及
EGYPT

红海
RED SEA

0    40kr

**P130**
清晨的第一缕阳光照
亮了穆萨山上古老的
圣三一教堂。

**P131**
通往穆萨山顶峰的通
道起点大约在海拔
1570米处，离圣凯
瑟琳修道院不远。

　　西奈半岛因《圣经》而得名。《旧约》在讲述以色列人离开埃及的《出埃及记》中写道：
"以色列人的先知摩西带领以色列人民从红海往前行，到了书珥的旷野（Desert of Shur），在旷
野走了三天……"在《圣经》的故事中，摩西生活在旷野之中，上帝通过燃烧的灌木与他交谈，
他带领被囚禁在尼罗河谷的犹太人回到西奈半岛，随后登上了穆萨山（旧称西奈山，也叫摩西

山），上帝赐给他"十诫"，但当他下山后却发现他的人民正在崇拜一个异教的神。千年来，犹太教、基督教和伊斯兰教等信仰唯一真神的信徒不约而同地把西奈半岛的最高峰视为这些故事的发生地。在穆萨山的山脚处矗立着公元5世纪建立的圣凯瑟琳修道院。虽然考古学家认为《圣经》中描述的事件可能发生在更往北的地方，但西奈半岛及其海岸和高山已成为重要的旅游胜地。

西奈半岛北部的地势较为平坦，西奈沙漠逐渐延伸至以色列的内盖夫地区。而半岛的南部则是复杂而壮观的花岗岩和砂岩山脉，贝都因人（Bedouin）已经在这片区域居住了数千年。尽管西奈半岛的最高峰是凯瑟琳山（海拔2637米），但最受欢迎的却是穆萨山（海拔2285米）。西奈半岛自1967年的第三次中东战争（Six-Day War）后一直在以色列的统治下。直到1979年，埃及和以色列在戴维营达成协议，西奈半岛回归埃及。目前，西奈半岛是中东地区极受欢迎的旅游地之一。西奈半岛最南端的沙姆沙伊赫已经建造了一个国际机场、数十家酒店和穆罕默德角海洋公园（公园内设置了潜水中心）。

时至今日，穆萨山上挤满了来自沙姆沙伊赫及附近其他度假胜地的旅游者。每天傍晚，在参观完圣凯瑟琳修道院后，会有数百人沿着一条可骑马通过的通道前往顶峰，这条通道的尽头是一段陡峭的天梯。尽管在登山过程中，人们可能会因各种吆喝声而影响登山的心情，但是在山顶看日出仍是一次奇妙的经历，人们可以随意欣赏穆萨山的花岗岩。

去往圣三一教堂的徒步者可以欣赏穆萨山壮观的
花岗岩壁，而对来到西奈半岛的登山家来说，它们
是挑战的目标。这片区域还耸立着西奈半岛的最高
峰——凯瑟琳山。

# Hantengri Feng & Tomur Feng

## 汗腾格里峰和托木尔峰

中国—哈萨克斯坦—
吉尔吉斯斯坦

哈萨克斯坦
KAZAKHSTAN

汗腾格里峰
Hantengri Feng

吉尔吉斯斯坦
KYRGYZSTAN

山 Tianshan Mts. 脉

天

托木尔峰
Tomur Feng

中华人民共和国
PEOPLE'S REPUBLIC OF CHINA

0    30km

天山山脉坐落于中国、哈萨克斯坦、吉尔吉斯斯坦与乌兹别克斯坦的边境线上。当人们沿丝绸之路的南线游览时，从地平线往南就可以看到其中算得上全世界最宏伟、最险峻的一些高山。

天山山脉的最高峰托木尔峰海拔7443米，是中亚地区的第二高峰，仅次于帕米尔高原上的最高峰索莫尼峰（海拔7495米）。但天山山脉最优雅、最具挑战性的高山是在托木尔峰以南约8000米处的汗腾格里峰（海拔6995米），这座由大理石构成的被积雪覆盖的金字塔形山峰俯瞰着伊内里切克冰川的两条分支。

汗腾格里峰的攀登难度非常大，每年只有极少数人能成功登顶。相比之下，托木尔峰更受登山者的欢迎。在经过多次尝试后，1931年，乌克兰登山家M.波格雷贝特斯基带领的一支苏联

P134
一名登山家正利用固定的结绳攀登汗腾格里峰陡峭的雪坡，他的目标是顶峰。

P135 上
绵延2414千米的天山山脉是在新生代时喜马拉雅山脉隆升过程中逐渐形成的。

P135 下
在汗腾格里峰西峰基部有一条巨大的裂缝，沿着常规登山路线攀登汗腾格里峰的探险队员在此处搭建了帐篷。这条穿过恰帕耶夫峰的登山路线是汗腾格里峰所有登山路线中最安全、最受欢迎的。

探险队首次成功登顶汗腾格里峰。他们选择的登山路线位于汗腾格里峰的西山脊，这条路线虽然危险，但攀登难度不算很大，因此直至今日仍有许多登山队选择这条路线来攀登汗腾格里峰。

　　1964年，B.罗曼诺夫带领的苏联探险队成功征服了汗腾格里峰南壁难度极大的大理石山脊。1974年，一支由B.斯蒂德宁带领的哈萨克登山队与一支由E.米斯洛夫斯基带领的俄罗斯探险队相继在汗腾格里峰高大而陡峭的北壁（一面由岩石和冰组成的迷宫般的岩壁，有2000多米

照片右侧可以看到汗腾格里峰西壁的常规登山路
线。1931年，登山家首次沿着危险的谢苗诺夫斯
基科戈冰川往上攀登，到达汗腾格里峰的上部。而
沿着冰川往下是恰帕耶夫峰的西峰。现在这条路线
成为最受欢迎的路线，虽然这条路线不是最短的，
却是最安全的。

**P137 上**
伊内里切克冰川的北支沿着中天山的山脚下缓慢流动。照片左侧可以看到巴彦科尔峰（海拔5841米）的巨大"王座"，其南壁有一条陡峭的冰沟。山谷的另一侧，几乎在巴彦科尔峰的正对面，可以看到汗腾格里峰的斜坡。

**P137 中**
托木尔峰是全球7000米以上高山中分布最靠北的高山，其攀登难度极大，有许多苏联登山家在此遇难。

**P137 下**
在汗腾格里峰南壁，优雅的大理石山脊一直延伸至峰顶。

高耸入云）上开辟出两条不同的登山路线。在之后的几年里，汗腾格里峰的北壁上又被相继开辟出数条登山路线，还成为典型苏联式竞赛的举办地。直到20世纪90年代，才有西方国家的登山者首次登顶汗腾格里峰。与此同时，V.克里沙蒂带领的一支哈萨克登山队完成了汗腾格里峰的首次冬季攀登。随着苏联解体、中亚地区对外开放，登山者和徒步者开始频繁光顾天山山脉的山谷，他们对天山的自然风景和雄伟英姿赞叹不已。然而，登顶汗腾格里峰的登山家绝大多数都是哈萨克人。当攀登天山的旅行者在遭遇刺骨的西伯利亚冷空气时，他们才领悟到那些在汗腾格里峰和托木尔峰锻炼的登山家为什么能在珠穆朗玛峰或其他喜马拉雅山脉的高山上创造历史。

雄伟的托木尔峰是天山山脉的最高峰。1956年，维塔利·阿巴拉科夫带领的一支苏联探险队首次登顶托木尔峰。

# Trango Towers

# 川口峰群
克什米尔地区

兴都库什山脉 Hendu Kosh

Karakorum Shanmai 喀喇昆仑山脉

克什米尔 KASHMIR

**川口峰群**
Trango Towers

0    60kr

**P140**
晴朗的夏日，巴尔托
洛冰川表面会形成
一片寒冷、潮湿的
浓雾。

**P141 上**
照片中远处是大川口峰巨大
的垂直岩壁，近处是巴尔托
洛冰川的冰碛物和冰层，巴
尔托洛冰川从康科迪亚往下
延伸至阿斯科莱和印度河。

　　在乔戈里峰和加舒尔布鲁木山的山脚下，巴尔托洛冰川流向印度河谷。而在巴尔托洛冰川的
冰碛物之上，耸立着一些全世界最优雅的花岗岩山。19世纪以来，前往世界第二高峰乔戈里峰的
登山家已经相继翻越了拜朱峰、教堂峰、乌利比亚霍峰及其他雄伟高山的石垂直岩壁、塔峰和山
脊。其中最壮观的要数川口峰群，在乌尔卡斯营地（到达巴尔托洛冰川前的最后一个营地）的草

甸和花岗岩巨石前拔地而起。

　　20世纪70年代中期（此前喀喇昆仑山脉对外封闭了15年），全世界最优秀的登山家开始重新探索川口峰群及其附近的高山。1977年，一支由丹尼斯·亨尼克、吉姆·莫里西、约翰·罗斯凯利、金·施米茨和高山摄影师盖伦·罗厄尔所组成的美国探险队登顶川口峰群的最高峰——海拔6257米的大川口峰。而在1976年，由英国最优秀的登山家莫·安托万、马丁·博伊森、乔·布朗和马尔科姆·豪厄尔斯组成的登山队在第二次尝试时成功登顶海拔6250米的无名峰，他们此前已经尝试过一次，但是失败了（当时队伍中没有豪厄尔斯，而是伊恩·麦克诺特－戴维斯）。同一时期，其他来自意大利、法国、美国和巴基斯坦的探险队也相继登

**P141 下**
大川口峰极为陡峭的花岗岩南壁俯瞰着巴尔托洛冰川和乌尔卡斯营地，与山顶平缓的冰坡形成鲜明的对比。

顶了拜朱峰和大教堂峰。

花岗岩壁的攀登难度往往都很大，因此在20世纪80年代，川口峰群及附近的高山吸引了全球最优秀的登山家前来挑战，其中包括瑞士登山家埃瑞德·罗瑞坦和米歇尔·皮奥拉，苏联登山家弗朗西克·内兹，以及来自意大利特伦蒂诺地区的毛里齐奥·乔达尼等，他们相继开辟了一些难度达Ⅷ级、Ⅹ级的登山路线。但是，即便是到达这些高山的山脚，也是非常困难的，他们需乘坐吉普车行驶一段极为险峻的路程到达阿斯科莱，之后还要经过四五天的艰苦徒步，沿途能欣赏亚洲高海拔地区最具代表性的自然景观。这片区域坐落在全球最壮观的一座国家公园——中喀喇昆仑山国家公园内，公园范围从印度河谷一直延伸到乔戈里峰，除了岩壁、冰碛物和冰川，这里还是众多野生动物的家园，如野山羊、鹰、秃鹫、喜马拉雅高山绵羊和喜马拉雅高山山羊（如盘羊和捻角山羊，前者也被称为"马可波罗绵羊"，后者是一种介于山羊和羚羊之间的生物）。

**P142-143**
在乌利比亚霍山谷中也能欣赏到川口峰群壮观的景象。从这张照片可以看出，暴风雨云正聚集在峰群上空。左侧能看到无名峰。

从乌尔卡斯营地可以看到川口峰群壮观的景象。在照片中间的是大川口峰，在其右侧的则是尖得让人心惊的无名峰。

# Nanga Parbat

## 南伽峰
### 克什米尔地区

兴都库什山脉 Hendu Kosh

Karakorum Shanmai 喀喇昆仑山脉

南伽峰
▲ Nanga Parbat

克什米尔 KASHMIR

0    60km

**P146和P147**

雄伟的迪亚米尔陡崖俯瞰着迪亚米尔谷，这面令人畏惧的冰壁于1962年被德国登山家托尼·金肖弗、安德尔·曼哈特和西吉·洛首次征服。他们的登山路线已成为目前南伽峰的常规登山路线。

　　南伽峰是全世界最美丽也最残酷的高山之一，它俯瞰着巴基斯坦的平原和深邃的印度河谷。20世纪70年代，在印度河谷修建的喀喇昆仑公路成为亚洲最重要的一条商旅通道。南伽峰（海拔8125米）位于喜马拉雅山脉的西界，俯瞰着兴都库什山脉和喀喇昆仑山脉。由于邻近平原，这座高山长年受到季风的侵袭。

　　在喀喇昆仑公路上就可以看到南伽峰，但只有在往返伊斯兰堡与吉尔吉特或斯卡都的飞机上才能欣赏到其雄伟而壮观的全景。南伽峰是一座攀登难度不大的高山，大批徒步者会沿着一条简单的路线到达巨大的鲁帕尔壁脚下。当地居民在南伽峰下的几座山谷中经营了一些小旅馆。

　　南伽峰是喜马拉雅山脉中第一座被登山家试图攀登的高峰，因此在登山史上占据着重要的位置。1895年，英国登山家艾伯特·弗雷德里克·马默里从鲁帕尔壁登顶南伽峰，但他在穿过迪亚米尔陡崖后与两名同伴一起在海拔6096米以上的地方失踪。在这之后，南伽峰的登山史主要由德国人书写。1934年，一支由威利·默克尔和威洛·韦尔增巴奇带领的奥地利—德国探险队在海拔7800米以上的地方遭遇了一场暴风雪，其中4名登山家和6名夏尔巴人遇难。4年后，一场巨大的雪崩吞没了另一支德国探险队的大本营，造成7名登山家和9名高山搬运工遇难。1939年，由于第二次世界大战爆发，另一支前往南伽峰的登山队被捕。

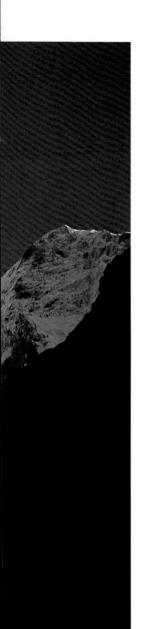

1953年，蒂罗尔著名的登山家赫尔曼·布尔完成了20世纪30年代的登山路线，并独自攀登了锡尔弗山口到顶峰之间由积雪和岩石组成的漫长的山脊。1962年，三名德国登山家——托尼·金肖弗、安德尔·曼哈特和西吉·洛在迪亚米尔陡崖上开辟了一条新的登山路线，现在这条路线已成为南伽峰最受欢迎的登山路线。

1970年，梅斯纳兄弟征服了巨大的鲁帕尔壁，并在没有结绳，也没有露营的情况下选择从难度稍低却更危险的迪亚米尔陡崖下撤。不幸的是，24岁的冈瑟·梅斯纳在下撤途中失踪，莱因霍尔德回到山上找了他一整天，差一点没能下山。人们直到2005年才找到冈瑟的遗体。南伽峰的"残酷"因此而闻名。

**P148-149**
1895年，英国登山家艾伯特·弗雷德里克·马默里（之后在迪亚米尔陡崖丧生）首次发现了南伽峰巨大的鲁帕尔壁。1970年，冈瑟·梅斯纳和莱因霍尔德·梅斯纳首次从鲁帕尔壁登顶南伽峰。

**P149**
南迦峰的东部"堡垒"——拉希奥特峰于1932年被威利·默克尔带领的一支奥地利—德国探险队首次征服。

# Qogri Feng

## 乔戈里峰
### 中国—克什米尔地区

兴都库什山脉 Hendu Kosh

喀喇昆仑山脉 Karakorum Shanmai

中华人民共和国
PEOPLE'S REPUBLIC OF CH

▲乔戈里峰 Qogri Feng

克什米尔 KASHMIR

0   60kr

**P150**
去往乔戈里峰山脚的经典路线
要越过巴尔托洛冰川。6月，
当探险队到达乔戈里峰时，巴
尔托洛冰川的大部分地区仍覆
盖着积雪。照片中，一支巴尔
蒂搬运工队伍正行走在从康
科迪亚到大本营（海拔4999
米）之间的最后一段路上。

**P151**
沿着戈德温奥斯丁冰川滑雪接
近乔戈里峰山脚，可以看到这
座巨大的金字塔形高山高高耸
立的景观，在高山左侧可以看
到乔戈里峰的南壁和阿布鲁齐
山脊。

  乔戈里峰海拔8611米，这座由岩石和冰构成的金字塔形高山是喀喇昆仑山脉的最高峰，也是世界第二高峰。乔戈里峰极为陡峭，山上气候恶劣，其攀登难度要远大于珠穆朗玛峰。即使是要到达乔戈里峰的山脚，也需要经过一条全世界难度最大、最累人的登山路线。1953—2006年，只有约200名登山家登顶乔戈里峰，却有3000名登山家曾站在"世界屋脊"珠穆朗玛峰上。乔戈里峰最为人所知的南侧，其岩石和冰壁高耸于巴尔托洛冰川之上，而北侧则俯瞰着中国新疆

**P152-153**
一个小帐篷搭建在由积雪与岩石组成的空中山脊上，在这里能够尽览乔戈里峰陡峭的北壁。1983年，一支日本探险队首次登上乔戈里峰的北壁，一年后，一支意大利登山队也走了相同的路线。

**P152 下**
从乔戈里峰的阿布鲁齐山脊俯瞰，山脚处的冰川犹如冰和岩石组成的巨大河流。在照片中可以清楚地看到萨伏依冰川从西边（照片右侧）汇入戈德温奥斯丁冰川。

的沙漠和奔腾的河流。

无论是乔戈里峰的南侧还是北侧，都处在全球最荒凉的两个区域中。1887年，英国陆军上校弗朗西斯·扬哈斯本作为第一个近距离观察乔戈里峰的西方人曾这样描述乔戈里峰："这是一座造型极佳的高山，它像是一个完美的圆锥体，却又高得惊人。"在几年后，英国人才开始尝试登顶乔戈里峰。由路易吉·阿梅迪奥（萨伏伊王朝阿布鲁齐地区的公爵）带领的探险队与库马约尔向导找到了乔戈里峰最好的登山路线，并到达了海拔6350米处。时至今日，这条路线仍被称为"阿布鲁齐山脊路线"。这支探险队的成员还包括摄影师维托里奥·塞拉，他用一系列非凡的作品向世人展示了乔戈里峰无与伦比的美丽。

在这之后，相继有三支美国探险队尝试征服乔戈里峰。1939年，弗里茨·威斯纳和帕桑·达瓦·拉马到达了离峰顶不到213米的高度。直到1954年，由地质学家阿尔迪托·德西奥带领利诺·拉塞德利和阿奇里·科帕哥诺尼组成的意大利探险队才成功登顶乔戈里峰。不同于珠穆朗玛峰，登山家成功登顶乔戈里峰的概率很小。事实上，直到1977年，才有第二组人——一支日本登山队在巴基斯坦登山家阿什拉夫·阿曼的陪同下成功登顶乔戈里峰。1981年，一支日本探险队从乔戈里峰的西山脊成功登顶，两年后，另一支日本探险队骑着骆驼长途跋涉后，征服了乔戈里峰陡峭且几乎全是冰的北壁。1986年，一支波兰轻装探险队经由一条简便而神奇的路线征服了乔戈里峰的南壁。

成功的同时往往也伴随着灾难。乔戈里峰这座世界第二高峰已经导致了来自7个不同国家的14名登山家丧生，其中包括波兰登山家塔杜

**P153 上和下**
在登顶的常规路线上，登山者始终能看到巴尔托洛冰川。这些照片中的登山家正在2号营地周围攀登，2号营地（上图）位于阿布鲁齐山脊海拔约6706米处。在这段路线上能观赏到布洛阿特峰和加舒尔布鲁木山群（在上图中从左往右）的壮观景象。

兹·彼得罗夫斯基、意大利登山家雷纳托·卡萨洛托和英国登山家艾伦·劳斯等。

1990年，乔戈里峰国际自由探险队（Free K2 International Expedition）清理了乔戈里峰南壁的阿布鲁齐山脊上的废弃垃圾、帐篷和固定结绳。一年后，法国登山家皮埃尔·贝金和克里斯托弗·普罗菲特在乔戈里峰西壁开辟了另一条壮观而便捷的登山路线。2004年，为了纪念乔戈里峰首次登顶的50周年，两支意大利探险队重返乔戈里峰，当时已经76岁高龄的拉塞德利也登上了位于巴尔托洛冰川的大本营。与珠穆朗玛峰一样，乔戈里峰两侧也屹立着许多雄伟的高山，包括加舒尔布鲁木山、布洛阿特峰、玛夏布洛姆峰、川口峰群、拜朱峰和巴尔托洛教堂峰等。

**P154-155 上**
余晖照亮了乔戈里峰西南壁上被冰雪覆盖的岩石。即使沿着阿布鲁齐山脊的常规登山路线攀登这座世界第二高峰，也是极其危险且难度很大的。这张照片拍摄于戈德温奥斯丁冰川。

**P154-155 下**
照片左侧的布洛阿特峰是世界第12高的山峰（海拔8047米），俯瞰着戈德温奥斯丁冰川。照片右侧可以看到乔戈里峰的阿布鲁齐山脊。照片拍摄于海拔6100米处的阿布鲁齐山脊1号营地。

乔戈里峰孤单地屹立在中国新疆与克什米尔地区的边界上，山上常年气候恶劣。在照片中，乔戈里峰的顶峰出现在包裹着高山上部的荚状云之上。

# Gasherbrum

## 加舒尔布鲁木山
中国—克什米尔地区

兴都库什山脉 Hendu Kosh

Karakorum 喀喇昆仑 Shanmai 山脉

中华人民共和国
PEOPLE'S REPUBLIC OF CHINA

▲ 加舒尔布鲁木山 Gasherbrum

克什米尔 KASHMIR

0　　　60km

**P158和P159**
加舒尔布鲁木 I 峰是加舒尔布鲁木山的最高峰，1958年被一支美国探险队首次征服，随后该峰上相继开辟了多条难度较大的登山路线。

　　喀喇昆仑山脉中最为壮观的峰群之一——加舒尔布鲁木山，位于中国与克什米尔地区交界处，坐落在巴尔托洛冰川的上游地区，包含7座海拔7000米以上的高峰。其中加舒尔布鲁木Ⅰ峰（海拔8080米）和加舒尔布鲁木Ⅱ峰（海拔8034米）属于全球14座"8000米以上高山"。加舒尔布鲁木山的名字源自巴尔蒂语"rgasha brum"，意为"美丽的山"。

　　19世纪末，英国探险家威廉·马丁·康韦首次发现了加舒尔布鲁木山，并将最高峰加舒尔布鲁木Ⅰ峰命名为"隐峰"（Hidden Peak）。但直到1934年，才有登山者尝试攀登加舒尔布鲁木山，那是由冈瑟·迪伦弗恩带领的一支国际探险队，随行的还有一些电影演员。经验丰富的德国登山家汉斯·厄特尔和瑞士登山家安德烈·罗奇在到达加舒尔布鲁木Ⅰ峰海拔6200米处后，因遭遇暴风雪而被迫下撤。然而，这场暴风雪却导致了正在攀登南伽峰的默克尔、韦尔增巴奇及其同伴丧生。两年后，一支由亨利·德塞戈格内带领的法国探险队在攀登到海拔约7010米处时也因恶劣的天气被迫下撤。

　　20世纪50年代，加舒尔布鲁木山的各座高峰才逐渐被征服，当时的尼龙绳、登山服及帐篷等装备均已有所改进，这使得人类征服所有8000米以上高山成为可能。1954年，美国登山家安迪·考夫曼和皮特·舍恩宁最终登顶加舒尔布鲁木Ⅰ峰。1956年，奥地利登山家约瑟夫·拉

奇、弗里茨·莫拉维克和汉斯·威伦帕特登顶加舒尔布鲁木Ⅱ峰。

随后的数年里，登山家陆续在加舒尔布鲁木Ⅰ峰上开辟了数条难度很大的登山路线。第一条是位于加舒尔布鲁木Ⅰ峰西北壁的复杂路线，1975年由莱因霍尔德·梅斯纳和彼得·哈伯勒所开辟，他们当时以阿尔卑斯式攀登（Alpine style，即一鼓作气到达顶峰，不事前建立营地或储备点）完成了整条路线。

直到20世纪90年代，才有人尝试攀登加舒尔布鲁木Ⅰ峰和加舒尔布鲁木Ⅱ峰位于中国境内的花岗岩北壁，但是都没有成功。而加舒尔布鲁木Ⅲ峰（海拔7592米）、加舒尔布鲁木Ⅴ峰（海拔7321米）和加舒尔布鲁木Ⅵ峰（海拔7003米）则相继被征服。

在加舒尔布鲁木山中最优雅的高峰莫过于加舒尔布鲁木Ⅳ峰，这座由岩石和冰组成的金字塔形高峰海拔达7925米，俯瞰着康科迪亚地区。1988年8月，在里卡多·卡辛所带领的一支意大利探险队中，成员沃尔特·博纳蒂和卡洛·莫里首次登顶加舒尔布鲁木Ⅳ峰。1985年，波兰登山家沃伊切赫·柯蒂卡和德国登山家罗伯特·肖尔从加舒尔布鲁木Ⅳ峰最为陡峭、攀登难度最大的西壁成功登顶。

**P160-161**
加舒尔布鲁木Ⅳ峰险峻的西壁俯瞰着康科迪亚及通往乔戈里峰大本营的登山路线，该峰是喀喇昆仑山脉中攀登难度最大的高山之一。1985年，波兰登山家沃伊切赫·柯蒂卡和德国登山家罗伯特·肖尔从加舒尔布鲁木Ⅳ峰的西壁成功登顶。

**P161**
加舒尔布鲁木Ⅱ峰因其酷似金字塔的外形而极易辨认。1956年，奥地利登山家约瑟夫·拉奇、弗里茨·莫拉维克和汉斯·威伦帕特首次登顶该峰。如今，该峰已成为8000米以上高山中攀登频率最高的高山之一。

# Shivling

## 希夫令山

印度

希夫令山
Shivling

喜 马 拉 雅 山 脉 Himalay

印度
INDIA

**P162**
希夫令山的西壁相对高度约1006米，是这座山中最易攀登的峰壁，但也会遇到冰塔和雪檐坠落的危险。1974年，H.辛格带领的一支探险队（包含两名印度登山家和三名夏尔巴人）首次从希夫令山西壁登顶。

**P163**
相对来说，加瓦尔喜马拉雅山脉受季风的影响较小，因此希夫令山及其附近的高山即便在夏季也能攀登。但如果遇到坏天气，在短短数小时内，山上的岩石就会铺满厚厚的积雪。

　　恒河的源头位于喜马拉雅山脉中最美丽的区域。加瓦尔喜马拉雅山脉坐落于青藏高原附近，分布着许多深邃的山谷，受季风的影响，这些山谷降水充沛，拥有丰富的水资源，森林密布，栖息着大量野生动物。同时，这里是印度教的圣地，遍布朝圣地和神庙。许多来自平原地区的朝圣者不仅会聚集在恒河源头下游的根戈德里神庙，而且会在春秋季之间登上伯德里纳特神庙和凯德尔纳特神庙。

　　在加瓦尔喜马拉雅山脉的众多山谷之上耸立着一些迷人的高山。由于海拔相对来说比较适中，并且从德里就能轻松到达高山脚下，因此这些高山在很久以前就极受登山者欢迎。其中，海拔7817米的楠达德维山被诺埃尔·奥德尔和比尔·蒂尔曼于1936年首次登顶；海拔7756米的卡梅特峰被弗兰克·斯迈思、埃里克·希普顿、R.L.霍尔兹沃思和莱瓦·谢尔帕于1931年首次登顶；海拔7120米的德里苏尔山是第一座有人类涉足的7000米以上高山，其于1907年被汤姆·朗斯塔夫、瓦莱达奥斯塔向导亚历克西斯·布罗奇赖尔和亨利·布罗奇赖尔以及印度登山家喀比尔·布拉托基所征服。而在首次登顶这些高山的人中，有的也是首次登顶珠穆朗玛峰的探险队的成员。

除了海拔在7010米以上的雄伟高山，加瓦尔喜马拉雅山脉中还有许多海拔相对较低但更为险峻的山峰。这些山峰很受当前全球优秀登山家的欢迎。1974年，一支由克里斯·博宁顿、马丁·博伊森、道格·斯科特、杜格尔·哈斯顿、巴尔万特·桑德胡和塔希·切旺组成的技术精湛的英国—印度探险队首次登顶海拔6864米的尚加邦峰。同年，由H.辛格带领的一支印度军队首次登顶海拔6543米的希夫令山。该山险峻的北壁俯瞰着恒河和根戈德里冰川的源头。希夫令山的顶峰为两座山峰，被一座马鞍形的雪峰分隔。在两次世界大战期间，希夫令山又被命名为"喜马拉雅山脉的马特峰"（Matterhorn of the Himalayas）。

**P164**
在印度境内的喜马拉雅山脉中，最优雅的一座山脊位于希夫令山的南侧。在照片近处的洛尔峰上交错着两条由英国探险队（1983年）和澳大利亚探险队（1986年）开辟的登山路线。

**P164-165**
希夫令山蜿蜒曲折的北山脊于1993年被蒂罗尔登山家汉斯·卡默兰德和克里斯托弗·海恩兹所征服。

　　在过去的40年间，来自世界各地的登山队陆续在希夫令山开辟出新的登山路线。1981年，由乔治斯·贝滕伯格、格雷格·蔡尔德、里克·怀特和道格·斯科特带领的一支国际探险队登上了希夫令山的东山脊。1986年，意大利登山家葆拉·伯纳斯科尼、法布里齐奥·马诺尼和恩里科·罗索征服了希夫令山的北壁。1980年，一支日本探险队尝试攀登北壁但没有登顶。13年后，蒂罗尔登山家汉斯·卡默兰德和克里斯托弗·海恩兹从北壁成功登顶希夫令山。至今仍经常有登山者尝试按希夫令山北壁的第一条登山路线攀登，但只有大约一半的人能成功登顶。

# Kangrinboqê Feng

# 冈仁波齐峰
中国

冈仁波齐峰
Kangrinboqê Feng

中华人民共和国
PEOPLE'S REPUBLIC OF CHINA

喜 马 拉 雅 山 脉 Himalayas

0    40kr

冈仁波齐峰是一座峰顶被冰雪覆盖的金字塔形岩石山峰，海拔6656米，俯瞰着西藏西部和中部的荒凉山谷。作为冈底斯山的主峰，冈仁波齐峰巍峨挺拔，山脉由砂砾岩组成，层层岩石堆叠出形状各异的峰体，加之风化等作用的雕琢，山峰四周悬崖峭壁耸立，在周围的群山中卓然挺立，显得坚毅而庄重。冈仁波齐峰的雪线达6000米，冰川纵横，气势磅礴。峰顶常云雾缭绕，在湛蓝的天空下，山峰白雪皑皑，更显庄严圣洁。它是目前全球著名的高山中唯一一座尚未被人类登顶的高山。第一个关注冈仁波齐峰的欧

**P166**
一名藏族朝圣者正在冈仁波齐峰的西北壁前祈祷。

**P167**
夏季的降雪使冈仁波齐峰的北壁在阳光的照射下发出耀眼的白光，使冈仁波齐峰的北壁看起来更加壮观。

亚洲

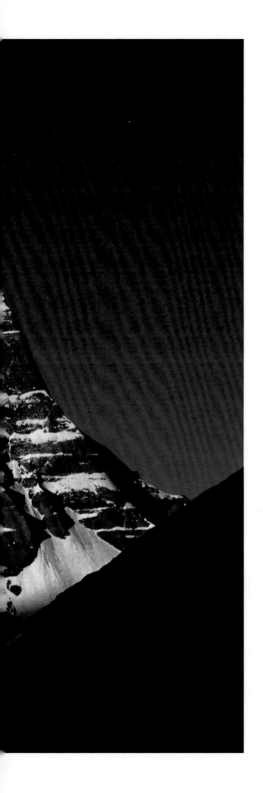

洲人是来自托斯卡纳的耶稣会会士伊波利托·德西德里，他在1715年旅行途中发现了它。

冈仁波齐峰被印度教、佛教、雍仲本教和耆那教视为神山。印度教教徒将其称为"梅鲁山"（Mt. Meru），佛教教徒称其为"冈仁波齐峰"（Gang Rimpoche），这两个宗教都将冈仁波齐峰视为宇宙的中心。雍仲本教的追随者（至今仍广泛分布在西藏最偏僻的地区）认为冈仁波齐峰是雍仲本教的缔造者降生人间的地方。耆那教教徒则认为他们的第一位先知是在冈仁波齐峰洗净了所有罪孽。至今仍有各教的教徒络绎不绝地前来朝圣。在冈仁波齐峰海拔4557米处，圣湖玛旁雍错吸引了来自印度各地的朝圣者，而藏族信徒则成群结队地围绕着冈仁波齐峰"转山"。实际上，从春季到秋季，每天都会有数百名信徒沿着冈仁波齐峰长达51千米的转山路线穿越海拔5475米的卓玛拉山口。除了步行，甚至有朝圣者为了积攒更多功德而采用全程匍匐膜拜的方式完成转山路线。每年6月的萨嘎达瓦节，数以千计的朝圣者会前往塔泊齐。

# Annapurna

## 安纳布尔纳峰

尼泊尔

嘉

马

拉

雅

山

脉 Himalay

尼泊尔
NEPAL

安纳布尔纳峰 ▲
Annapurna

0　40km

**P170和P171**
安纳布尔纳峰绵延
55千米，包含7座
海拔7200米以上的
山峰。

　　安纳布尔纳峰将尼泊尔中部的博克拉盆地和博克拉湖，与有藏民居住的深邃的喀利根德格河谷和干旱的马南山谷相隔。当天气晴朗时，在尼泊尔南部的德赖平原的森林、丘陵和农田上都能看到安纳布尔纳峰。海拔8091米的安纳布尔纳 I 峰是世界第十高峰。在其两侧耸立着诸如安纳布尔纳 II 峰、安纳布尔纳 III 峰、根加布尔纳峰和鱼尾峰等高山。

　　1950年，一支由莫里斯·赫佐格和路易斯·拉什耐尔组成的法国探险队在加斯顿·拉布法特和莱昂内尔·特雷的陪同下，经由安纳布尔纳峰西北壁陡峭而又危险的冰坡成功登顶安纳布尔纳峰，成为首次攀登到海拔7925米以上的人。但他们的下撤极为艰难，接连遭遇了暴风雪和雪崩，沿途还遇到各种冰隙，最后虽然都幸存下来，但是被严重地冻伤了。在20年后的1970年，克里斯·博宁顿带领杜格尔·哈斯顿和唐·威兰斯组成的英国探险队，从安纳布尔纳峰的南壁首次成功登顶。安纳布尔纳峰的南壁就像一座巨大的迷宫，不仅极为陡峭，而且布满了危险的冰塔和雪崩形成的岩沟，俯瞰着被登山家和徒步者所熟知的桑克蒂厄里冰斗。这个冰斗被认为是全球已知的所有高山中最美丽的地方之一。1985年，蒂罗尔登山家莱因霍尔德·梅斯纳和汉斯·卡默兰德征服了安纳布尔纳峰狭窄、陡峭的呈凹面的北壁。

　　1950年，当莫里斯·赫佐格及其同伴攀登安纳布尔纳峰时，英国探险者兼登山家哈罗德·蒂尔曼沿着马斯扬第河峡谷向上到达马南，并尝试攀登海拔7944米的安纳布尔纳Ⅱ峰。在穿过托龙山口后，他沿着喀利根德格河谷下撤，开辟了现在全球最受欢迎的一条徒步线路。

　　虽然人类征服安纳布尔纳峰的时间比征服喜马拉雅山脉其他高山的时间要早，但安纳布尔纳峰仍是一座危险且攀登难度较大的高山。在全球所有海拔7925米以上的高山中，安纳布尔纳峰被登顶的次数最少，而遇难人数却最多。相比攀登的危险，位于安纳布尔纳峰山脚下的环山路线难度不大，危险系数也较低，因此每年都会有大约5万名徒步者进行环山旅行。

　　然而，旅行者来此并不仅仅是为了那些优雅的高山（除了安纳布尔纳峰，还能看到鱼尾峰及附近海拔超过8000米的世界第七、第八高峰——道拉吉里峰和马纳斯卢峰），吸引他们的还有

**P172-173**
坐落在安纳布尔纳IV峰（海拔7525米）和安纳布尔纳II峰（海拔7937米）东南部的兰琼喜马峰（海拔6986米）是一座雄伟的典型高山。

**P173 上**
一名登山家正在攀登安纳布尔纳峰陡峭的西北侧山脊，令人惊叹的冰瀑布向米里斯蒂河峡谷倾泻而下。

**P173 下**
攀登安纳布尔纳峰这座世界第十高峰的登山者比攀登世界最高峰珠穆朗玛峰的登山者要少得多，1950—2005年，仅有103名登山家成功登顶安纳布尔纳峰。

这片区域复杂多变的景观和多元的民族文化，以及朴素的佛教寺庙和香火旺盛的印度教神庙。在森林中，热带树木、针叶树和竹子随处可见。鹰和胡兀鹫常常在头顶上空盘旋，一些幸运的游客甚至可以看到珍稀的雪豹。

　　安纳布尔纳峰的环山路线需要徒步一个月才能完成，而那些时间不充裕的旅行者可以在两条较短但风景同样迷人的路线中做出选择：第一条路线是从比雷坦蒂到达桑克蒂厄里，可能需要不到一周的时间；第二条路线是从贝西萨哈尔的水稻田向上前往马南山谷，越过海拔5416米的托龙山口，再朝着喀利根德格河和木斯塘低地下撤，需要2～3周的时

间。第一条路线相对来说难度较低，气候更为暖和，沿途人流较多，景色更为壮观；而第二条路线可以说是一条能够感受喜马拉雅山脉核心地带历史变迁的一段旅程。由于安纳布尔纳峰山脚下的山谷迎来了数量众多的徒步者，因此这个区域成为尼泊尔境内唯一一个人口不仅没有减少，反而有所增加的地区。

　　此外，尼泊尔境内以及喜马拉雅山脉地区面积最大的保护区之一——安纳布尔纳保护区（于1986年建立，占地面积达7600平方千米）的建立，保障了这一地区环境与经济的和谐发展。保护区的管理小组所采取的保护措施有植树造林、研究该区域的珍稀物种（如雪豹和胡兀鹫）、建造喷泉和沟渠、修缮桥梁和道路、重修纪念碑和修道院等。而在安纳布尔纳峰的山脚处，仍保存着首次登上海拔7925米以上高峰的登山家的居住地。

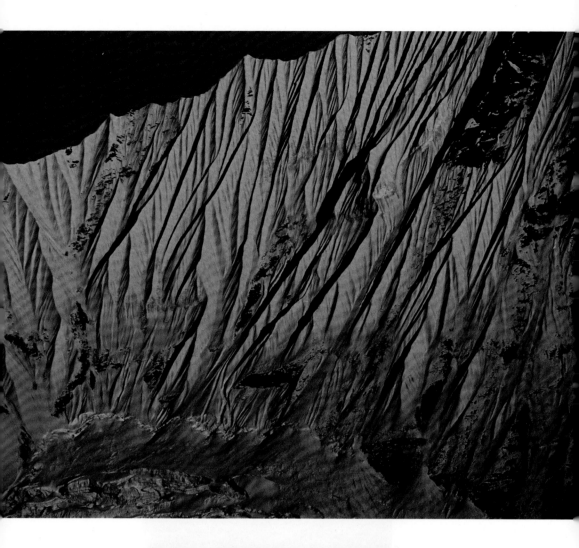

P174 上
安纳布尔纳峰的南壁是喜马拉雅山脉中最高、最雄伟的高山之一，在南壁下的桑克蒂厄里冰斗安静地等待着徒步者的到来。

P174 下
安纳布尔纳峰易碎的砾石坡高耸于马斯扬第河的河道之上，徒步者通常沿着河道环绕安纳布尔纳峰。

P174-175
安纳布尔纳峰的桑克蒂厄里冰斗位于冈达尔巴楚利峰和鱼尾峰之间，在其东侧遍布着锯齿状的雪脊和岩沟。

P175 下
清晨的阳光照亮了帐篷峰（海拔5663米）的岩石和冰面，从这里可以远眺桑克蒂厄里冰斗和安纳布尔纳峰。

# Machapuchare

## 鱼尾峰
**尼泊尔**

尼泊尔
NEPAL

马 拉 雅 山 脉 Himalay

喜

鱼尾峰
Machapuchare

0    40k

**P176**
余晖照亮了鱼尾峰的冰壁和三角形岩峰。尽管鱼尾峰的海拔不算高，但这座优雅的高山在形成安纳布尔纳峰桑克蒂厄里冰斗东界的其他高山中尤为突出。

**P177**
鱼尾峰坐落在莫迪河峡谷和马迪河峡谷之间，远远高出林线之上。

　　鱼尾峰是喜马拉雅山脉中最受摄影爱好者青睐的一座高山，它高耸于尼泊尔的博克拉山谷和博克拉湖以南，其冰封的岩壁俯瞰着密布热带树木和竹子的莫迪河谷。单就海拔而言，海拔6887米的鱼尾峰在安纳布尔纳峰（海拔8091米）及其周围海拔超过7000米的高山中并不突出。然而，鱼尾峰优雅的鱼尾造型使其成为尼泊尔喜马拉雅山脉的标志之一。每年都会有数以千计的徒步者沿着独特而艰险的路线穿越比雷坦蒂、甘杜荣、乔姆隆的农田和村庄，进入莫迪河峡谷，最终到达桑克蒂厄里冰斗，鱼尾峰已成为非常受欢迎的徒步目的地。

　　从乔姆隆步行1~2天可到达一个由冰碛物形成的盆地，那儿有一些临时旅馆，在这里可以欣赏安纳布尔纳峰壮丽的景象。鱼尾峰俯瞰着比雷坦蒂地区，当游客穿行于比雷坦蒂茂密的森林时，鱼尾峰逐渐消失于视野中，这时安纳布尔纳南峰及附近的高山才凸显出来。如果从桑克蒂厄里冰斗远眺黄昏时的鱼尾峰，鱼尾峰西壁上因雪崩形成的岩壁和冰坡在落日的照耀下会显得无比威严。从博克拉远眺时，鱼尾峰看上去只有一座山峰，但从安纳布尔纳峰的山脚处，就可以清晰地看到鱼尾峰的两座山峰。在两座山峰之间有一个高8米的被积雪覆盖的鞍状构造，鱼尾峰的名字由此而来。

　　尽管鱼尾峰在徒步者中极为出名，但却极少有登山家来攀登这座俯瞰着莫迪河峡谷的高山。自1957年有人第一次攀登鱼尾峰后，尼泊尔政府和古隆族高山居民（将鱼尾峰视为神圣的上帝住所）拒绝了所有探险队的登山请求。即使是首次攀登的英国探险队，也是在做出了一系列承诺（他们会尊重鱼尾峰神圣的自然环境，避免在鱼尾峰山脚下食用肉制品、杀害当地生物，也绝不踩踏山顶圣洁的积雪）后才获得了登山授权。1957年5月28日，威尔弗里德·诺伊斯和戴维·考克斯登上了鱼尾峰，并止步于距离峰顶45米的地方（这里有4个或5个像龙爪一样的蓝色冰柱），这对他们而言是相当不容易的。虽然距离成功只有一步之遥，但他们的放弃恰恰证明了其对大自然的承诺和敬畏。

尽管优雅的外观使其成为许多登山家的梦想之地，但鱼尾峰却禁止攀登。1957年，威尔弗里德·诺伊斯和戴维·考克斯带领的英国探险队不得不止步于距离峰顶46米处。在这之后，尼泊尔政府就拒绝了其他所有探险队的登山请求。从博克拉市的山脉南侧远眺，鱼尾峰比安纳布尔纳峰的山峰更为突出。

# Qomolangma Feng

## 珠穆朗玛峰
### 中国—尼泊尔

中华人民共和国
PEOPLE'S REPUBLIC OF CHINA

尼泊尔
NEPAL

喜 马 拉 雅 山 脉

珠穆朗玛峰
Qomolangma Feng
▲

Himalayas

0      40kr.

**P180**
普莫里峰（海拔7160米）
俯瞰着每年3月至5月底在
昆布冰川上的大本营，这座
积雪覆盖的山峰也为行走于
昆布路线的徒步者提供了绝
佳的风景。

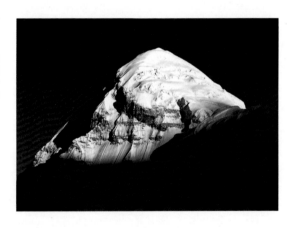

**P181**
珠穆朗玛峰北壁上有两条沟
壑，分别是诺顿雪谷（左
侧）和霍恩宾雪谷。在余晖
的照耀下，珠穆朗玛峰的北
壁呈现出令人惊叹的奇观。
照片右侧能看到珠穆朗玛峰
的西山脊。

　　世界最高峰珠穆朗玛峰坐落在尼泊尔和中国的边界。1717年，清朝康熙年间编绘的《皇舆
全览图》中首次标注了"朱母朗马阿林"，即珠穆朗玛峰。这是世界最高峰最早的文字记载。19
世纪，英国大地测量家乔治·埃佛勒斯（印度测量局的第一位首席测量师）测量了珠穆朗玛峰，
使得该峰在西方世界闻名。这座巨大的高山被尼泊尔人称为"Saqarmatha"（萨加玛塔峰），
而藏民和夏尔巴人称其为"Chomolungma"。1975年，中国登山队登上峰顶，测得高度为

8848.13米。2020年5月27日，基于"巅峰使命"珠峰科考，中国珠峰高程测量登山队成功登顶珠穆朗玛峰，并测得其最新海拔为8848.86米。珠穆朗玛峰由黑色和浅黄色的岩石（主要为片麻岩）构成，在其南侧为洛子峰（世界第四高峰）和努布策山。在青藏高原上通常可以看到珠穆朗玛峰，但如果身处珠穆朗玛峰以南的地区，就几乎看不到它，因其被周围的山脉所遮挡。

由于中国的西藏与尼泊尔边境长期处于封闭状态，所以人们无法靠近珠穆朗玛峰。直至第十三世达赖喇嘛授权一支英国小组前往珠穆朗玛峰，珠穆朗玛峰才得以向世人揭开其神秘的面纱。在之后的18年里，这支小组进行了7次登顶挑战，均以失败告终。但是，小组成员诺顿（1924年）、温·哈里斯和韦杰（1933年），以及斯迈斯和希普顿（1938年）都分别到达了海拔超过8534米的位置。在7次挑战中最著名且最具传奇性的一次发生在1924年，当时乔治·马洛里和安德鲁·欧文离开了他们位于海拔8170米的营地，并攀登到海拔约8450米处，随后他们消失在云层中，再也没有人见过他们。直到1999年，马洛里的遗体被世人所发现，没人能确定他们是否成功登顶了（因为距离峰顶的最后一段路程攀登难度相当大）。

1951年，一支英国登山队从珠穆朗玛峰尼泊尔境内的南侧进行攀登。1952年，一支瑞士登山队攀登到海拔8500米处。1953年，约翰·亨特所带领的英国探险队的成员——新西兰登山家埃德蒙·希拉里和夏尔巴人丹增·诺盖最终成功登顶珠穆朗玛峰。全世界都在为他们的胜利而

欢呼。但珠穆朗玛峰的登山史并没有因此而终结。1958年，一支美国探险队攀登了珠穆朗玛峰的西山脊。1960年，一支中国探险队从珠穆朗玛峰的北侧登顶。1973年，一支英国登山队攀登了珠穆朗玛峰的西南壁。1983年，一支美国探险队征服了巨大的康松东壁。1978年，莱因霍尔德·梅斯纳与彼得·哈伯勒一起登顶，这也是第一次有人在不使用氧气面罩的情况下成功登顶。1980年，莱因霍尔德又成功完成了珠穆朗玛峰的首次单人登顶。近几十年来，珠穆朗玛峰上已经变得特别"拥挤"，1978年，成功登顶的登山家有25人，2000年时这个数字上升到146人，2006年上升到500人，截至2023年，已有超过10 000人次成功登顶珠穆朗玛峰。但是，1996年5月遇难的12人以及2006年遇难的10人，时刻提醒着世人——"世界屋脊"始终是非常危险的存在。

　　珠穆朗玛峰的魅力不仅仅在于它的海拔和攀登难度。珠穆朗玛峰以北是一片荒凉的高原，以南则是一系列被季风滋润的峡谷。这座高山同时受到中国的珠穆朗玛峰国家级自然保护区（占地面积3.4万平方千米）和尼泊尔的萨加玛塔国家公园（占地面积达1147平方千米）的保护。在这

**P182-183**
巨大的冰隙和数量众多的冰
塔林使昆布冰川成为珠穆朗
玛峰尼泊尔常规登山路线中
最危险、最具挑战性的一段
路程。夏尔巴人每年都会采
用固定结绳和放置金属梯的
方式来连接两处冰隙，但这
仍然很危险。

**P183 上**
在卡拉帕塔尔能看到珠穆朗
玛峰陡峭的西南壁。1975
年，克里斯·博宁顿带领的
一支英国探险队正是从该壁
登顶。

**P183 下**
无论是从尼泊尔一侧还是从
中国一侧攀登珠穆朗玛峰，
登顶前的最后几英尺是难度
相对较低的雪脊。

两个保护区域内，有着数量众多的冰川、杜鹃林，还有珍稀的高山植物和高山动物（如雪豹和喜马拉雅塔尔羊），吸引了世界各地的科研人员。例如，意大利研究基地位于珠穆朗玛峰尼泊尔一侧海拔4999米处，主要研究珠穆朗玛峰地区水土流失、环境污染的情况，还有萨加玛塔国家公园内45处冰川湖泊的增长情况及其可能引发的洪水对下游峡谷和村庄的潜在威胁。

珠穆朗玛峰周围耸立着众多世界级高山，但它仍然
是其中最高的一座。照片中，阳光依稀照亮了珠穆
朗玛峰，也恰好照射到右侧在月亮下方的马卡鲁峰
（海拔8463米）。

# Lhotse & Nuptse

# 洛子峰和努布策山

## 中国—尼泊尔

中华人民共和国
PEOPLE'S REPUBLIC OF CHINA

喜马拉雅山脉

努布策山
Nuptse  洛子峰
Lhotse

尼泊尔
NEPAL

Himalayas

0　40km

**P186**
沿着珠穆朗玛峰西北山脊的雪檐望去，世界第四高峰洛子峰出现在照片左侧。

**P187**
从昆布峡谷的经典观景点——卡拉帕塔尔远眺，洛子峰正好处于珠穆朗玛峰（左侧）和努布策山之间，在珠穆朗玛峰和洛子峰之间的是南坳，照片底部是昆布冰川。

珠穆朗玛峰并不是一座孤独的巨峰，其周围耸立着喜马拉雅山脉中最为壮观的高山群。在藏语和夏尔巴方言中，这些高山分别以"东""南""西""北"进行了简单的命名。

海拔约8500米的洛子峰（"南峰"）是世界第四高峰，其旁边的是荒凉而雄伟的洛子夏尔峰（"东南峰"，海拔8397米），更往东的方向还有一系列7000米以上的高山，如沙策峰和38号峰。

另一座壮观的高山是努布策山（"西峰"，海拔7861米），其积雪山脊俯瞰着从纳姆泽巴扎尔和洛布切到卡拉帕塔尔和尼泊尔一侧的珠穆朗玛峰大本营之间的最后一段路线。努布策山巨大的冰雪岩壁阻断了西库姆冰斗，而去往南坳（洛子峰与珠穆朗玛峰之间的山坳）和珠穆朗玛峰的登山家必须先穿过这个冰斗。

　雄伟的洛子峰、洛子夏尔峰和努布策山因为邻近珠穆朗玛峰而常被人忽视，但其实这三座高山的山脊和岩壁上分布着喜马拉雅山脉中极其危险、难攀登的一些登山路线，甚至有些峰壁至今仍未被征服。

　1956年，瑞士登山家弗里茨·拉奇辛格和厄恩斯特·赖斯首次在洛子峰开辟的登山路线（至今仍有许多登山家沿该路线攀登洛子峰）象征着这座山与珠穆朗玛峰之间的紧密联系。这条路线在很大程度上与前往珠穆朗玛峰的常规路线相重合，从尼泊尔境内出发，途经昆布冰川、西库姆冰斗和洛子峰西壁。

　这条登山路线（至今仍在使用）在南坳处一分为二，一条去往珠穆朗玛峰，一条去往洛子峰。登顶洛子峰之前需要越过陡峭的雪坡及险峻的混合通道。莱因霍尔德·梅斯纳于1986年10月沿该路线登顶洛子峰，他也因此成为首个成功征服世界14座8000米以上高山的人。

　洛子峰巨大的东壁不容小觑，它耸立于珠穆朗玛峰、珠穆隆索峰和马卡鲁峰之间的康松峡谷。洛子峰优美且雄伟的南壁俯瞰着朱孔山谷及纳姆泽巴扎尔、天波切喇嘛庙之间的拥挤通道。在20世纪80年代，洛子峰的南壁成为喜马拉雅山脉著名的"最后难题"。

　自1975年以来，许多优秀的当代登山家都尝试攀登洛子峰的南壁。1986年，波兰登山家捷西·库库奇卡（继莱因霍尔德·梅斯纳之后成为第二个完成登顶世界14座8000米以上高山的登

山家）在攀登洛子峰南壁时遇难。1990年，斯洛文尼亚登山家托莫·切森首次独自从洛子峰南壁登顶。三个月后，一支苏联登山队沿另一条登山路线成功登顶洛子峰，但他们提出切森并没有成功登顶，从而引发了一场持续多年的激烈争论。

现在已经很少有人记得，首次攀登洛子峰南壁的是一支捷克探险队（1984年）。他们在南壁的右侧开辟了一条通向海拔8398米的洛子夏尔峰顶峰的登山路线。洛子夏尔峰与干城章嘉峰的亚隆康峰（也被称为干城章嘉西峰）一样，均未被列入8000米以上高峰的官方名单。

努布策山南壁的首次攀登是1961年由英国登山家丹尼斯·戴维斯、克里斯·博宁顿、莱斯·布朗、吉姆·斯沃洛、塔希·谢尔帕和彭巴·谢尔帕共同完成的。但美国和意大利的登山队在努布策山陡峭的东北壁所开辟的登山路线更受欢迎。

然而，在珠穆朗玛峰南侧和东侧的高山仍有待开辟出更多的登山路线。例如，在洛子峰和洛子夏尔峰之间具有巨大雪檐的山脊上开辟一条路线，或者从努布策山开辟一条途经洛子峰、通向南坳和珠穆朗玛峰的路线，这些都可以作为前往喜马拉雅山脉的登山家未来数年的重要目标之一。这些高山的登山史还有许多重要的篇章有待书写。

---

**P188-189**
照片左侧可以看到努布策山独特的"驼峰"造型。努布策山南侧山脚成为昆布峡谷的起点，这里也被称为西库姆冰斗。努布策山在藏语中意为"西面的高峰"，主要是指它在洛子峰至努布策山的所有高山中的位置。

夕阳映红了洛子峰的岩壁和冰檐，这是昆布地区的
8000米以上高山中极为壮观的场景之一。

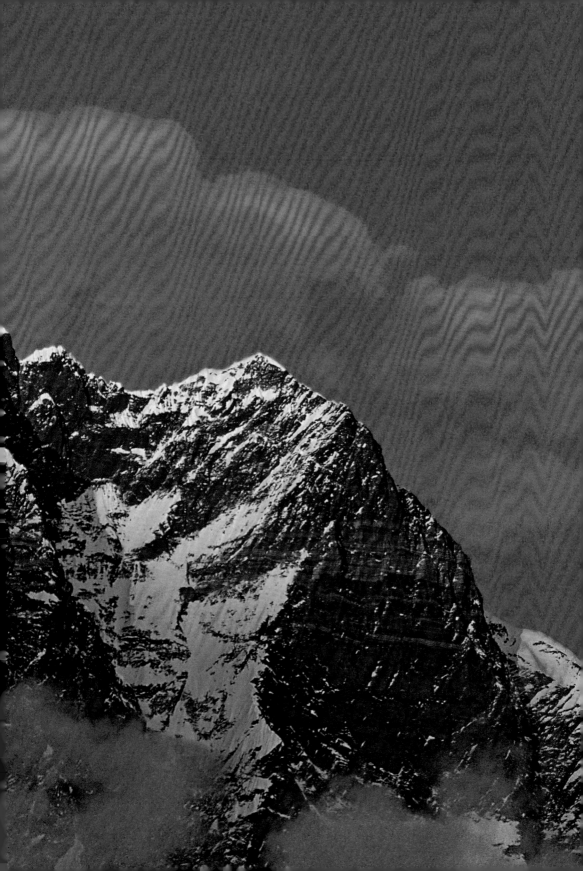

# Ama Dablam

# 阿马达布朗峰

尼泊尔

喜 马 拉 雅 山 脉 Himalayas

尼泊尔
NEPAL

阿马达布朗峰
Ama Dablam

0 ____ 40km

　　天波切拥有世界上最美的夕阳。每当天波切喇嘛庙的影子随着夕阳延伸时，僧众们便会停止诵经，走到室外，与来自世界各地的徒步者一起享受当天的最后一抹暖阳。当阳光慢慢从尼泊尔最受欢迎的佛寺的墙壁和尖顶上消失，这片海拔达3657米的区域开始变得寒冷，只剩下群山耸立的壮观景象。

　　在夕阳将洛子峰南壁及隐藏其后的珠穆朗玛峰峰顶染红之前，它会先照亮耸立在都德科西河谷南部、海拔超过6000米的一些雄伟高山，如点缀着冰川和积雪的康特嘉峰和唐瑟库峰，还有俯瞰着卢克拉镇的康古鲁山等。其中最美丽的是阿马达布朗峰，海拔达6856米，以壮观的冰壁俯瞰着天波切整个区域。

　　约翰·亨特这位见证了埃德蒙·希拉里和丹增·诺盖在1953年登顶珠穆朗玛峰的英国探险队队长曾评论道："天波切一定是世界上最美丽的地方。"在他看来，天波切这座有着奇特中世纪特色的寺庙，提供了一个欣赏这世上最美山地景观的绝佳平台。

　　在征服珠穆朗玛峰后，希拉里曾多次重返夏尔巴人的土地，第一次是作为考察和登山探险队的领队，之后则是为昆布地区的居民资助学校、桥梁、机场、医院和萨加玛塔国家公园的修建。1959年，这位史上最著名的新西兰登山家还促成了一次寻找喜马拉雅雪人的探险。这支由英国

阿马达布朗峰最著名、最受摄影爱好者欢迎的西南壁俯瞰着佩里切的村庄和寺庙。1961年，埃德蒙·希拉里带领巴里·毕晓普、迈克·吉尔、沃利·罗马尼斯和迈克·沃德共同开辟的登山路线位于从峰顶向下延伸的悬挂式冰川的右侧，这条冰川犹如一条垂直的白冰带。这座高山因其高贵优雅的外观被称为"昆布的宝石"，对徒步者而言，阿马达布朗峰是昆布冰川的一个永恒的地标。

登山家迈克·沃德和迈克·吉尔、美国登山家巴里·毕晓普及新西兰登山家沃利·罗马尼斯组成的探险队，沿着覆有巨大冰檐的山脊首次登上了阿马达布朗峰。

多年来，登山家往往需要克服相当大的困难攀登阿马达布朗峰的山脊和峰壁。绝大多数登山家会选择阿马达布朗峰的常规登山路线进行攀登，这条路线在20世纪90年代的商业探险中是最受欢迎的路线之一。

由于阿马达布朗峰的风景优美，而且海拔相对来说不算太高，所以吸引了许多第一次来到喜马拉雅山脉的登山者。但阿马达布朗峰近乎垂直的山脊及数量众多的冰檐，也让许多经验不足的登山者望而却步。在阿马达布朗峰山脚的冰碛物上曾发现过雪豹的足迹，近年来，雪豹回归到全球海拔最高的国家公园的山谷中。

在通向珠穆朗玛峰大本营的途中，从昆布冰川顶部可以看到阿马达布朗峰的西北壁。这面于1961年被人类征服的峰壁，其攀登难度要高于阿马达布朗峰西南山脊的常规登山路线。

# Kanchenjunga & Makalu

## 干城章嘉峰和马卡鲁峰
### 中国—尼泊尔—印度

中华人民共和国
PEOPLE'S REPUBLIC OF CHINA

喜 马 拉 雅 山 脉    Himalayas

尼泊尔
NEPAL

▲ 马卡鲁峰
Makalu

▲ 干城章嘉峰
Kanchenjunga

印 度
INDIA

0    40km

**P196**
这是马卡鲁峰的航拍景象。
照片右侧是马卡鲁峰向阳的
东壁。1955年，法国探险
队正是沿着东壁首次登顶马
卡鲁峰的。

**P197**
由于干城章嘉峰和马卡鲁峰
距离尼泊尔的平原非常远，
因此登山者和徒步者必须步
行2周以上才能到达这两座
高山。

　　世界第三高峰干城章嘉峰（海拔8586米）和世界第五高峰马卡鲁峰（海拔8463米）庄严地屹立在珠穆朗玛峰东侧。天气晴朗的时候，在尼泊尔境内的德赖平原上就能看到这两座高山。前往干城章嘉峰和马卡鲁峰的徒步路线以德赖平原为起点，为去往安纳布尔纳峰和珠穆朗玛峰的经典路线提供了一个艰苦而又激动人心的替代方案。马卡鲁峰和珠穆朗玛峰一样坐落在中国与尼泊尔的交界处，干城章嘉峰则处于喜马拉雅山脉分水岭的南部，将尼泊尔和印度的锡金邦分隔开来。从大吉岭茶园欣赏到的干城章嘉峰的景观震撼了数代旅行者，甚至在一段时间内，人们都认为它是世界上最高的山。

　　干城章嘉峰有着令人印象深刻的外观，且距离大吉岭不远，所以很久以前它就成为登山者关注的焦点。1899年，由道格拉斯·弗雷什菲尔德带领的一支探险队从干城章嘉峰右侧穿行，非法进入尼泊尔境内。随后，1929—1931年，由保罗·鲍尔和冈瑟·奥斯卡·迪伦弗斯带领的三支德国探险队试图从锡金邦一侧攀登干城章嘉峰。直至1955年，由乔治·班德、乔·布朗、诺尔曼·哈迪和托尼·斯特里瑟组成的一支英国探险队终于成功"登顶"干城章嘉峰。虽然这支探险队是从尼泊尔一侧攀登干城章嘉峰，但他们遵守锡金国王的要求，在距离顶峰数米处就止步

了，因为当地人认为干城章嘉峰的顶峰是神圣不可侵犯的。1977年，一支印度探险队从干城章嘉峰的东侧攀登。从此，干城章嘉峰成为世界上优秀的登山家挑战的新目标，有许多探险队陆续登顶干城章嘉峰，其中包括：1979年，由道格·斯科特、皮特·博德曼和乔·塔斯克完成了首次阿尔卑斯式攀登；1980年，M.古西带领的日本探险队首次从干城章嘉峰北壁登顶；1995年，俄罗斯探险家成功穿越干城章嘉峰的5座山峰。

与干城章嘉峰相比，马卡鲁峰的登山史非常短。马卡鲁峰第一次严格意义上的成功登顶是在1955年，由一支法国探险队完成。琼·库齐和莱昂内尔·特雷在顶峰与其他法国登山家及一个

**P198-199**
这是一张黎明时分从西藏的卡尔塔河谷拍摄的照片，照片展示了马卡鲁峰（左侧）、洛子峰及珠穆朗玛峰极为壮观的北壁。1920—1921年，第一批前往珠穆朗玛峰的登山家发现了这个河谷。

**P199 上**
干城章嘉峰东南壁高耸的冰壁俯瞰着印度的锡金邦。在两次世界大战期间，仅有少数印度探险队获得从锡金邦一侧攀登这座世界第三高峰的许可。

**P199 下**
在干城章嘉峰惊险的北壁上已经开辟出5条登山路线。

夏尔巴人会合。后来，登山家对马卡鲁峰的攀登主要集中在其西壁，因为这是喜马拉雅山脉中难度最大的峰壁之一。虽然多年来被相继开辟出了6条路线（其中最著名的一条是由一支法国探险队于1971年开辟的），但马卡鲁峰西壁的中间位置仍未有人涉足。

马卡鲁峰和干城章嘉峰始终等待着登山爱好者前来挑战。

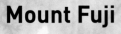

# Mount Fuji

## 富士山
日本

日本
JAPAN

富士山
Mount Fuji

太 平 洋
PACIFIC OCEAN

0        13kr

　　富士山的雪景是日本最负盛名的景色之一。这座壮观的火山海拔3776米，位于东京西南部约96千米处，在晴天时，即使身处东京市中心，也能看到富士山。日本的艺术和文学作品经常以富士山为主题。同时，富士山是全球游客最多的高山之一，每年约有30万人（有1/3是外国人）

**P200和P201 上**
日本富士山的冬季雪景极具观赏性。由于邻近太平洋，富士山在冬季时经常遭遇暴风雪。

**P201 下**
作为全球最受欢迎的高山之一，富士山的名字来源无法确定。目前推测其可能代表的意思有"天下第一""永垂不朽"和"永无止境"等。

来攀登这座山。富士山是富士箱根伊豆国立公园的一部分，周围有5个湖泊，分别是河口湖、西湖、山中湖、本栖湖和芦湖。青木原森林延伸至富士山山脚，即使在盛夏时节，也存在着有冰的洞穴。富士山是一座对称的成层火山，最近一次喷发是在1707年，地质学家认为它是一座喷发概率较低的活火山。在过去的数十万年中，不同阶段的火山活动多次改变了这座山的外形，我们现在所看到的富士山大约是在1万年前形成的。

自古以来，富士山都是一座神圣的高山。据说大约在公元663年，首个登上富士山的是一位不知名的僧侣。在数个世纪的时间里，富士山都不允许女性涉足。古时候，日本的武士将坐落在山脚的御殿场（现代城市）作为训练基地，这一传统在某种程度上被日本自卫队和美国海军陆战队所保留，他们的军事基地就位于富士山山脚下。富士山对游客开放的时间是6月至8月底（其间富士山上的积雪全部消融），有4条不同的登山路线可供选择，在海拔3400米的火山坡上还有避难所和旅店可供休憩。此外，游客也可以先乘坐公共汽车到达海拔2300米处，然后再沿着登山路线继续前进。

在大部分日本神道教徒和佛教教徒心中，富士山极为神圣且具有象征意义，因此在其登山路线上布满了寺庙和宗教符号。在富士山的山顶有一座神社和一个小湖，在距离峰顶数米处设有一个鸟居（神圣的大门）。在富士山非旅游季节，山上结冰，常伴有大风和大雾，这时只有登山者才会攀登富士山，但若是遭遇暴风雪，登山的危险性会大大增加。事实上，每年冬季，富士山都会发生多起伤亡事件。

**P202-203**
富士山这座"安静"的火山虽然坡度平缓，但仍具有一定的危险性，原因之一在于其3776米的海拔。这座火山形成于数十万年前，但其当前的外观是在大约1万年前形成的。

# Kinabalu

# 基纳巴卢山
马来西亚

苏 禄 海
SULU SEA

基纳巴卢山
Kinabalu
▲

南 海
SOUTH CHINA SEA

马 来 西 亚
MALAYSIA

0    30kr

**P204**
天气晴朗的话，从哥打基纳巴卢的海边小镇就能看到加里曼丹岛的最高峰——基纳巴卢山。1851年，英国植物学家休·洛首次登顶该山，并带回了79种科学界迄今仍一无所知的植物（包括蕨类、石楠属和兰花）。

**P205**
雄伟的基纳巴卢山是一座圆拱形的花岗岩山，是加里曼丹岛、马来西亚乃至喜马拉雅山以东的亚洲最高峰，坐落在离中国南海仅数千米远的沙巴州的森林之上。居住在基纳巴卢山山坡上的卡达山人将其视为神山。

　　宏伟的岩石山——基纳巴卢山，俯瞰着马来西亚沙巴州（位于加里曼丹岛的东北角）的北岸。这是一座圆拱形花岗岩山，山顶有着一系列锯齿状的山峰，最高峰为洛氏峰（海拔4101米），还有一系列海拔稍低的山峰，如怪异地向一侧倾斜的圣约翰斯峰（海拔4091米），以及在黎明时分被染上鲜艳的红色的维多利亚峰（海拔4094米）等。居住在基纳巴卢山山坡处的卡达山人（Kadazan）将其视为神山，现在该山被划入马来西亚最引人注目的国家公园——基纳巴卢公园的保护范围。

　　基纳巴卢山海拔较低的区域密布着闷热的热带雨林，雨林中经常回荡着猴子的啼叫声。在海拔3048米以上的区域，植被则与非洲的高山类似，包含巨型的石楠属植物、苔藓植物和地衣。随着海拔的升高，植被逐渐减少，转而变成矿物的世界——由光滑的花岗岩石板组成的"海洋"。在这些花岗岩石板上，有一条几乎看不到头的导引绳，引导着徒步者去往萨亚特·萨亚特避难所和基纳巴卢山的最高峰（登山者通常会赶在日出之前到达）。虽然基纳巴卢山的岩石非常坚硬，但在洛氏峰西侧的塔峰和驴耳朵峰上仍有几条登山路线。

　　每年约有3万名徒步者（多数是亚洲人）攀登基纳巴卢山，使得这座喜马拉雅山以东的亚洲最高峰成为全球攀登频率极高的高山之一。基纳巴卢山上的森林和岩石，以及日出时山的影子朝着中国南海延伸的景象，会让这次攀登之旅成为难忘的回忆。在攀登基纳巴卢山的过程中容易遭

遇大雾和突如其来的阵雨，因此，即使是经验丰富的登山者也要非常小心。

第一个经历基纳巴卢山诡异天气的人是英国植物学家休·洛，他是沙捞越州的"白人酋长"——詹姆斯·布鲁克的朋友。1851年，休·洛从纳闽乘坐快速帆船到达哥打贝卢海岸，穿过密布的丛林来到基纳巴卢山脚，然后在无止境的岩石、石楠属植物和杜鹃花植物中攀爬。登顶后，休·洛及其向导被一场浓雾包围，在之后的日志中，他描述自己当时身处迷雾中的感觉就好像喝完了一瓶马德拉白葡萄酒一样。这支探险队带回了79种未知植物（包括蕨类、石楠属植物和兰花）。

P206-207
每年约有3万名徒步者（大多数都是亚洲人）攀登基纳巴卢山，因此该山成为全球非常受欢迎的高山之一。通常，登山者为了观赏日出，会在午夜时就从拉班拉塔旅舍出发前往基纳巴卢山顶峰。

## 第四章

# 大洋洲和南极洲

## OCEANIA AND ANTARCTICA

在南极洲的中央地带，南极半岛与南极点的中间坐落着世界上最荒凉的山脉。埃尔斯沃思山脉的最高峰文森山海拔5140米，是这片白色大陆的最高点。而在森蒂纳尔岭也有数十座海拔超过3960米的高山，这些高山大多数周围都是壮观的冰川，有的高山上也有岩石壁。要到达这些高山所在的位置是非常困难的，所以迄今为止大多数高山仍未有人涉足。

众多山脉使得南极大陆上不只有冰面。鲜为人知的是，由于冰盖的存在，南极洲成为平均海拔最高的大陆。埃里伯斯火山海拔3794米，在新西兰的斯科特站和美国的麦克默多站都能看到它。由于邻近罗斯海、罗斯冰架和世界上最大、最老的科考站，埃里伯斯火山成为南极洲最著名、攀登次数最多的高山。

海拔4070米的南森山坐落在罗斯海和南极点之间，在毛德皇后山脉中占据着重要的位置。从阿根廷或智利出发前往南极半岛相对来说较为容易，因此南极半岛是南极洲最有名、访客最多的地区，这里同样耸立着许多雄伟的高山。1905年，意大利高山向导皮埃尔·戴内和法国登山家J.雅贝特首次登顶海拔1415米的萨伏依峰，标志着南极洲登山运动的开始。

**P208**
照片展示了南极洲最高峰文森山北侧顶峰的景色，此外还有森蒂纳尔岭和南极洲的第二和第三高峰——泰里峰和锡恩峰。

**P209**
这张航拍照片展示了新西兰最高峰库克峰的南壁，尽管顶峰海拔只有3764米，但与阿尔卑斯山脉4000米以上高山以及阿拉斯加山脉的众多高山相比也毫不逊色。

　　然而，地球的最南端并不只有南极大陆。南乔治亚岛（英国领地）位于南极大陆和南大西洋之间南纬60°以北，不在《南极条约》（*Antarctic Treaty*）约定的范围内。该岛上有许多壮观的冰川和险峻的高山。其中，帕吉特山虽然海拔只有2934米，但与其他更高、更有名的高山相比，毫不逊色。

　　海拔3764米的库克峰是新西兰南阿尔卑斯山的最高峰，由于库克峰的山脊和岩壁孤立而优雅，使其能与欧洲、北美洲和亚洲海拔更高的高山相媲美。新西兰的山脉是由英国探险家及其高山向导发现的，现已成为许多世界级登山运动员的训练场。

　　大洋洲的最高峰查亚峰（海拔4883米）俯瞰着新几内亚岛上的伊里安查亚省（属于印度尼西亚）的森林，几乎常年被云雾笼罩。澳大利亚只有一些高度中等的高山，最高峰科西阿斯科山的海拔约2230米。不过，澳大利亚有一些俯瞰着辽阔荒漠的尖峰和岩壁，如阿拉皮莱斯山，在全球优秀的登山家间享有盛名。

# Mount Cook

## 库克峰
### 新西兰

北岛
North Island

塔斯曼海
TASMAN SEA

新西兰
NEW ZEALAND

库克峰
Mount Cook ▲

南 阿 尔 卑 斯 山
Southern Alps

南岛
South Island

太 平 洋
PACIFIC OCEAN

0    60km

**P210**
从照片上可以看到库克峰东壁的楚布里根山脊和鲍伊岭。

**P211**
在库克峰狭窄而裸露的山顶有三座山峰，其中最高的是最北侧的山峰（海拔3764米）。

　　在新西兰耸立着一座极为特别的高山——库克峰，毛利人（Maori）将其称为"奥伦吉山"，意为"从云层穿过的锥子"。尽管在世界的众多高山之中，库克峰的海拔不算太高（3764米），但这座地理位置偏僻的高山是南阿尔卑斯山乃至新西兰境内最高、最秀丽的山。自埃德蒙·希拉里时代以来，一代又一代的登山者在这里训练，为攀登全球其他伟大的山脉做准

**大洋洲和南极洲**

备。1770年，库克船长成为第一个看到南阿尔卑斯山的欧洲人（尽管是从海上看到的），在他的描述中，南阿尔卑斯山高得惊人，山峰和山谷都被积雪覆盖，在被允许进入南阿尔卑斯山区域后，他发现这片区域并不适于牧羊，但其仍被这里的壮美所折服。90年后，维多利亚时代的小说家塞缪尔·巴特勒（在新西兰当过数年牧羊人）写道，他不相信有人能登顶这些山峰。

库克认为，在南岛，羊的数量远多于人的数量。这个推断后来被证明是正确的。但巴特勒认为没有人能登顶南阿尔卑斯山的说法却在1894年被推翻。当时正在进行环球旅行的玫瑰峰向导马赛厄斯·楚布里根（登顶阿空加瓜山的第一人）开始系统地攀登南阿尔卑斯山的高峰。然而，在楚布里根与其爱尔兰客户爱德华·菲茨杰拉德将要征服库克峰之时，新西兰登山家J.克拉克、G.格雷厄姆和T.法伊夫已率先登顶。但楚布里根很快弥补了这一遗憾，他开辟了一条新的登山路

**大洋洲和南极洲**

**P212-213**
黎明的阳光照亮了库克峰的东壁及其右侧被积雪覆盖的金字塔形高山——塔斯曼山（海拔3498米）。

**P213 上和下**
在洛峰陡峭的南壁上已开辟出南阿尔卑斯山最具挑战性的一些冰面攀登路线。

线，并成为首次单独登顶库克峰的人。1913年，澳大利亚登山家弗雷达·杜福尔在向导P.格雷厄姆和D.汤普森的陪伴下，首次穿越了令人毛骨悚然的连接库克峰三座顶峰的冰雪山脊。1949年，埃德蒙·希拉里、哈里·艾尔斯、R.亚当斯和M.沙利文从库克峰的南山脊登顶。1962年，J.麦金农、J.S.米尔恩、R.J.斯图尔特和P.J.斯特朗征服了库克峰东南面的巨大峰壁——卡罗琳壁，该峰壁能与艾尔格尔山的北壁相媲美。

最近的数十年间，现代登山运动在新西兰和库克峰盛行起来。身为领军人物之一的比尔·登茨于20世纪70年代初完成了卡罗琳壁的首次个人秀，并开辟了数条复杂的登山路

线。在现代登山路线中，陡峭而危险的大卫 – 歌利亚路线位于库克峰南壁的冰面上，是由保罗·奥布里和阿克斯福德于1991年开辟的。

不过，要想看到库克峰，并不需要成为一名登山家。事实上，库克峰山脚处有一些旅馆，乘飞机即可到达。如果想要更靠近库克峰，游客可以乘坐另一种小型飞机或者攀爬漫长的冰碛物组成的斜坡。从太平洋飘来的厚厚的积雨云常使库克峰的山脊、冰瀑和岩沟被厚厚的积雪覆盖，这种情况与喜马拉雅山脉和安第斯山脉类似。

**P214-215**
库克峰的顶峰是一条陡峭的
积雪山脊

# Vinson Massif

# 文森山
## 南极

威德尔海
WEDDELL SEA

南极半岛 Antarctic Peninsula

别林斯高晋海
BELLINGSHAUSEN SEA

文森山
Vinson Massif

0        250km

海拔5140米的文森山坐落在距离南极点1160千米的森蒂纳尔岭，俯瞰着南极冰盖东面荒凉的冰川地带，是南极洲海拔最高、攀登次数最多的高山。它比南极第二高峰泰里山仅高了16米。南极的冰盖并不是连续的整体，在某些区域的冰层中会有黄色或较暗色的条带状岩层交替出现。

1966年，美国南极登山探险队（American Antarctic Mountaineering Expedition）的10名队员首次登顶文森山。但直到20世纪80年代中期，登山者将"七大高峰"（分别是七大洲的最高峰）作为挑战的目标时，文森山才开始闻名于世。1985年，加拿大登山家帕特里克·莫罗成功登顶文森山，他也因此成为全球第一个征服"七大高峰"的登山家。

虽然攀登文森山在技术上并不算太难，但不意味着登顶文森山是一件很容易的事，迄今为止只约有500人登顶文森峰。20世纪80年代，一个私人组织在布兰斯科姆冰川上建立了一个能提供完整装备的大本营，人们可通过小型直升机往返爱国者山营地和智利，但这种探险的费用极高，几乎所有的登山家都需要先找到资助才能开始文森山的攀登之旅。在商业探险的间隙，文森山的向导相继在西壁和向南侧山峰攀登的布兰斯科姆山脊上开辟了更具挑战性的攀登路线。

绝大多数登山家所选择的常规登山路线需要沿着巨大而平缓的冰坡长途跋涉，而在峰顶一侧的峰壁和通往顶峰的山脊处会变得极为陡峭。大多数登山者需要大约一周的时间才能到达山顶，其中有许多人会利用滑雪板来完成大部分路线。

**大洋洲和南极洲**

在文森山的下撤途中，不仅要经过陡峭的地形，还要迎着肆虐的狂风穿越广阔的冰原。照片中的场景让人不禁想到沙克尔顿、阿蒙森、斯科特及其他南极探险家。

　　尽管文森山的海拔比较高，但攀登时遇到的真正难题是山上的恶劣气候。文森山上终年刮风，风速可快速达到145千米/时以上，这时候登山者只能躲在帐篷、冰屋或冰洞中。尽管夏季的太阳辐射非常强烈，但气温会在数分钟内由-26℃降至-40℃，这将严重影响登山者的体力。此外，大风吹起的雪雾会影响登山者对方向的辨识。因此，时至今日，在南极洲探险仍然是一场生存之战，与沙克尔顿、罗尔德·阿蒙森和斯科特（三人均是早期的南极探险家）的时代并无不同。

**P218 上**
照片中，一群登山家正在穿越一片雪域高原（从文森山下撤的途中）。

**P218 下**
从南极点吹来的强风使这片大陆（包括低处裸露的岩石）都包裹上一层冰壳，因此文森山的顶部山脊也呈现出统一的白色。

**P218-219**
在飞往文森山的飞机着陆于布兰斯科姆冰川之前，可以欣赏到南极大陆最为壮观的高山群景观（从照片中向南看，一直延伸到南极点），这些高山坐落在离南极点966千米处。

**大洋洲和南极洲**

# 第五章

# 北美洲

# NORTH AMERICA

　　虽然北美洲大部分地区的地势较为平坦，但从美国阿拉斯加州到墨西哥尤卡坦州的区域却拥有一系列风景优美的高山，如美国麦金利山和洛根山的冰川、约塞米蒂的巨型岩墙、犹他州的沙漠上的砂岩塔群、俄勒冈州和华盛顿州的危险火山群冒出的烟雾及流动的冰川，以及墨西哥的中央峡谷等，为自然爱好者和登山爱好者提供了探险的场所。此外，中美洲的岩山、丛林和连绵的火山，以及墨西哥恰帕斯州的高原地区、危地马拉和哥斯达黎加的峡谷及高山等，也吸引了众多冒险者。

　　落基山脉在北美洲的山脉中占据着关键位置，从阿拉斯加州到加利福尼亚州共绵延4825千米，包含数千座山峰和数百条冰川，并将北美洲的远西地区与加拿大—美国大平原分隔开来。落基山脉的最高峰坐落在山脉北部的阿拉斯加州和育空地区，麦金利山及其他高山的环境和气候与喜马拉雅山脉类似。

　　在加拿大和美国的边境，最南至科罗拉多州的区域，耸立着一些壮观的高山，这些高山对徒步者、登山者和滑雪者来说更易接近。西部坐落着不列颠哥伦比亚省和加利福尼亚州的山脉，包括布布斯山壮观的花岗岩峰以及因巨大的花岗岩壁和红杉林闻名于世的内华达山脉。

　　尽管大西洋海岸附近的山脉海拔要低得多，如纽约州的阿迪朗达克山脉，以及位于北卡罗来纳州与田纳西州边界的大雾山等，但却有着令人叹服的荒野景观。

**P220 左**
麦金利山坐落在阿拉斯加州的中心地带。

**P220 中**
由花岗岩构成的蒂顿岭，海拔最高可达4196米。

**P220 右**
波波卡特佩特尔火山的火山坡衬托着普埃布拉教堂。

**P221**
阳光染红了位于约塞米蒂谷的半圆丘山的西北壁。

　　近几十年来，巴芬岛上的花岗岩壁、格陵兰的岩峰和冰峰吸引了一大批专业的登山家。然而，北美洲的山脉并不仅限于一小部分区域，北美洲大陆从北到南、从东到西，所有的山峰和山脉都处于一个保护区网络中。从波波卡特佩特尔火山和伊斯塔西瓦特尔火山到麦金利山，就建设有克卢恩国家公园、贾斯珀国家公园、班夫国家公园、北喀斯喀特国家公园、约塞米蒂国家公园、落基山国家公园及其他数百个公园。这些公园中不仅分布着狐尾松和红杉，还能看到驼鹿、灰熊、美洲狮、野牛及其他特别的物种。

# Mount McKinley

# 麦金利山
## 美国

美　国
UNITED STATES

麦金利山
Mount McKinley ▲

阿　拉　斯　加　山　脉
Alaska Range

阿拉斯加湾
Gulf of Alaska

0    160km

**P222**
想要攀登麦金利山的登山家会乘坐往返于塔尔基特纳（离麦金利山最近的小镇）和卡尔特纳冰川及大本营的小型飞机。5—6月是攀登麦金利山最好的时节，每年这个时候，这条航线会变得非常忙。

**P223**
照片中金字塔形的麦金利山衬托着巨大的鲁斯冰川，印第安原住民将该山称为迪纳利山。

　　北美洲的最高峰——麦金利山坐落在阿拉斯加州境内的一座壮观的国家公园中。印第安原住民（阿萨巴斯卡语语系）称其为迪纳利山，意为"至高无上的山"。夏季的白天，在麦金利山（海拔6194米）的冰壁之下经常能见到鹰、野山羊、驼鹿和北美驯鹿，有时甚至能看到一只灰熊妈妈带着幼仔在草地上漫步。

    麦金利山国家公园建于1917年，1980年更名为迪纳利国家公园和保护区，占地面积达24 113平方千米，长期以来都是阿拉斯加州最著名、最受欢迎的天然旅游胜地。每年夏天，每天都会有数百名游客在位于旺德湖的公园入口处排队，乘坐公园班车游园。

    每年的5—6月，数百名登山家乘坐往返于塔尔基特纳与卡希尔特纳冰川（位于麦金利山南坡脚下）的小型飞机到达麦金利山，并尝试攀登位于麦金利山西坡的常规登山路线。但由于麦金利山的海拔高、温度低（可低至-4.5℃），还经常伴有肆虐的狂风，只有极少数人能够成功登顶。

    麦金利山的"官方"故事始于1794年，当时英国航海家乔治·温哥华首次看到这座被积雪覆盖的宏伟高山。美洲更北部的登山运动始于1897年，当时阿布鲁齐的公爵去圣伊莱亚期峰进行探险，该山是加拿大与美国阿拉斯加州的边界处最靠近海岸的高山。1902年，美国地质勘探局（United States Geological Survey）确定了麦金利山是北美洲的最高峰。

    登山者从1903年就开始接近麦金利山了，但首次登顶的故事却充满了传奇色彩。1906年，弗雷德里克·库克声称自己在埃德·巴里利、赫谢尔·帕克和贝尔莫尔·布朗的陪同下到达了麦金利山的顶峰。但后来根据他们提供的山顶照片，证实了那其实是在距离峰顶198米处拍摄的。

    随后在一片质疑声中，金矿勘探者皮特·安德森、查利·麦戈纳格尔和比利·泰勒声称他们征服了麦金利山。然而，官方认可的首次登顶是1912年由赫德森·斯塔克、罗伯特·塔特姆、

P224
由于气候条件异常恶
劣，在冬季攀登麦金
利山非常艰难，最冷
的时候气温为−36～
−56°C。

P225
夕阳染红了麦金利山周围的
山峰。这张照片拍摄于麦金
利山南壁的营地，该营地位
于1961年里卡多·卡辛与
雷格尼莱科登山队所开辟的
登山路线上。

哈里·卡斯滕斯和沃尔特·哈珀完成的。不过，他们四人在北峰上发现了淘金客留下的旗杆。

由于麦金利山位置偏远，从城市到这里需要一个月，因此该山很少有人光顾。这种情况直到20世纪50年代开通飞机航线后才有所改变。1951年，布拉德福德·沃什伯恩所带领的一支队伍从麦金利山的西侧扶壁登顶，这条路线现已成为常规登山路线。三年后，一支由阿拉斯加大学（University of Alaska）组织的登山队首次穿越麦金利山。1961年，由里卡多·卡辛带领的雷格尼莱科登山队攻克了当时北美洲登山运动最大的难题——麦金利山南壁最高的扶壁。1967年，一支国际登山队完成了麦金利山的首次冬季攀登，法国登山家雅克·巴特金在这次攀登时遇难。

过去的数十年间，麦金利山上开辟了其他难度较大的攀登路线。英国登山家杜格尔·哈斯顿和道格·斯科特（1976年），以及捷克登山家米罗斯拉夫·斯米德（1991年）分别在麦金利山的南壁开辟了新的登山路线。而麦金利山最伟大的一次攀登，是意大利维琴察登山家雷纳托·卡萨洛托于1977年征服了该山的东北山脊，他称其为"不归山脊"（The Ridge of No Return）。

与此同时，麦金利山的常规登山路线也越来越受欢迎。每年春季都会有数以百计的登山者前来挑战，但也给当地的环境带来了严重的污染问题。此外，尽管国家公园采取了监控管理措施，但有太多缺乏经验的团队，事故发生的次数越来越多。事实上，单从技术方面来看，麦金利山西侧扶壁的攀登难度并不大，但如果考虑到麦金利山所处的纬度和海拔，攀登就不那么容易了。

麦金利山是北美洲的最高峰，也是"七大高峰"
（分别是七大洲的最高峰）的成员之一。

# Mount Asgard

## 阿斯加德山

**加拿大**

戴维斯海峡
Davis Strait

**阿斯加德山**
**Mount Asgard** ▲

加拿大
CANADA

坎伯兰湾
Cumberland Sound

巴芬岛
Baffin Island

0   60kr

**P228**
照片展示了阿斯加德
山令人敬畏的峰壁。

**P229**
清晨的阳光照亮了阿斯加德
山的南峰（照片前景）和北
峰的峰壁。

　　在加拿大东北部荒凉的巴芬岛的坎伯兰半岛上耸立着一些壮观的高山，如索尔山、阿斯加德山、奥弗洛德山等。几千年来，这些高山在冰川的磨蚀下形成了光滑而陡峭的花岗岩壁，它们俯瞰着坎伯兰半岛的峡湾和冰川。由于地处偏远而荒凉的地带，这些高山直到20世纪初才被人们发现，第二次世界大战以后才有人开始尝试攀登。时至今日，全球已有成千上万名登山者经过漫长的海上航行，从庞纳唐步行到达这些高山。

**北美洲**

阿斯加德山明显的双叉形轮廓及其陡峭的花岗岩壁；俯瞰着加拿大巴芬岛上的奥尤伊图克国家公园内的冰川。

北美洲

阿斯加德山是巴芬岛最优雅、最著名的高山，其顶峰呈双叉形，最高峰是北峰，海拔2011米，南峰稍低些。虽然海拔并不高，但阿斯加德山长期以来一直是世界各地登山者的训练场。北峰早在1953年就由瑞士地质学家汉斯·韦伯、J.马梅特－罗斯里斯伯格和F.施瓦曾巴奇成功登顶；而南峰直到1971年才被加拿大登山家G.李、R.伍德和P.科克征服，不过他们在登顶后遭遇暴风雪，只能艰难下撤。

1972年，4名国际知名的登山家——英国的道格·斯科特、保罗·纳恩和保罗·布雷思韦特，以及美国的丹尼斯·亨内克在徒步到阿斯加德山山脚后，攀登了北峰高约1200米的东坡。三年后，经验丰富的美国登山家查利·波特独自在北峰的北壁开辟出一条40根绳子长的登山路线。这两次非同寻常的登山之旅使阿斯加德山在全球登山界中声名鹊起。

在沉寂了10年后，从20世纪90年代开始，登山家对阿斯加德山的峰壁进行了系统性的探索。加拿大、美国、西班牙、英国和意大利的登山队相继开辟了数十条高级的登山路线，其难度堪比美国加利福尼亚州最荒凉、孤立的大岩壁路线。

事实上，尽管阿斯加德山的海拔不高，且经常阳光明媚，但由于其所处的位置非常偏远，而且交通不便，所以每次攀登之旅对登山者来说都充满了挑战。而由于直升机不能靠近奥尤伊图克国家公园的高山，所以前往阿斯加德山的登山者不得不背着食物和装备，步行约48千米到达萨米特莱克和大本营。这片区域没有真正的道路，路途中还要经过许多浅滩，因此这是一次艰苦且危险的旅程。

# Mount Logan

# 洛根山
加拿大

阿 拉 斯 加 山 脉
Alaska Range

加拿大
CANADA

洛根山
▲ Mount Logan

阿 拉 斯 加 湾
Gulf of Alaska

0    120km

**P232和P233**
洛根山和圣伊莱斯山脉的其
他高山的冰壁与冰峰，共同
形成了一个壮观而荒凉的
世界。

广袤而荒凉的圣伊莱斯山脉常年受到来自太平洋的暴风雨的冲刷，拥有北美洲规模最大的冰川。其中最长、最曲折的苏厄德冰川位于育空，沿着洛根山的南坡向下移动。加拿大的最高峰洛根山海拔5959米，是一座孤立、偏远的孤立山峰。离洛根山山脚最近的小镇也有240千米远，而且有一半的路程要穿过冰川。洛根山坐落在克卢恩国家公园内，这个公园的占地面积达2200平方千米，栖息着灰熊、驼鹿、野山羊和珍稀的加拿大盘羊。

与极受自然爱好者和登山者欢迎的美国阿拉斯加州的麦金利山相比，洛根山几乎无人问津，每年仅有十来支登山队到访。登山家必须从海恩斯章克申飞行96千米才能到达洛根山山脚处，而这段路程全部为冰川所覆盖。

人们对洛根山的首次攀登在加拿大登山运动的发展史中占据着非常重要的地位。这次攀登是由以超常耐力著称的艾伯特·麦卡锡牵头的。他带领探险队在隆冬时节出发，此时的冰川被冰雪覆盖，可以利用雪橇滑行穿越。麦卡锡和5个同伴借助三辆狗拉雪橇和两辆马拉雪橇，耗时两个月才将食物、燃料和装备运送到洛根山。春天时，他们又花了一个月的时间才到达整个攀登之旅中难度最大的一段。尽管在这之后他们没有遇到更大的难题，但这种远距离的跋涉，高海拔和恶劣天气的影响，几名登山家的体力都已到了极限。最终在6月

**P234**
洛根山的北壁是整座山中位置最偏远的，攀登人数非常少。

**P234-235**
最后一抹余晖照亮了洛根山的山峰和顶峰高原。这座加拿大的最高峰坐落在荒凉的克卢恩国家公园的中心地带，要到达这片区域通常只能乘坐降落于苏厄德冰川的两架小型飞机。

23日，他们在穿越顶峰高原后成功登顶洛根山。在他们返回后，英国的《登山杂志》（*Alpine Journal*）报道：“此前从未有登山探险队的攀登过程会如此艰辛。”

在第二次世界大战后，小型飞机可以直接降落在苏厄德冰川，洛根山才显得不再那么遥远。但是没有任何技术能缩减洛根山的大小和海拔，也不可能阻止太平洋风暴对它的猛烈侵袭，因此在洛根山的所有探险之旅，包括1965年美国加利福尼亚探险队首次登上洛根山的蜂鸟岭，1959—1979年登山家在洛根山巨大的南壁开辟的4条登山路线，以及1986年对洛根山的首次冬季攀登，都能与喜马拉雅山脉难度最大的攀登之旅相媲美。

# Mount Robson

## 罗布森山
### 加拿大

罗布森山
▲ Mount Robson

落基山脉

加拿大
CANADA

Rocky Mountains

0    90km

P236
在罗布森山北壁的山脚处，
贝格冰川的冰隙和冰塔林之
间，耸立着由岩石和冰组成
的赫尔梅特峰。罗布森山上
一些经典的登山路线都起始
于赫尔梅特山口。

P237
伯格冰川和米斯特冰川从罗
布森山顶峰延伸到伯格湖。
照片右侧的是皇帝岭，在其
左侧可以看到皇帝峰陡壁。

　　落基山脉中海拔最高的罗布森山（海拔3954米）俯瞰着不列颠哥伦比亚省植被覆盖率最高
的一个峡谷。罗布森山的下部由被侵蚀的易碎性岩石组成，顶部则被一个巨大的冰盖覆盖，这个
冰盖上分布着许多冰隙及巨大而危险的雪檐。罗布森山省立公园因罗布森山而得名，其东部毗邻
艾伯塔省的贾斯珀国家公园，公园内分布着许多高山、森林和冰川。在罗布森山省立公园以南不
远处有班夫国家公园、约霍国家公园和阿西尼博因山省立公园，这些公园内耸立着许多自落基山

脉的早期登山运动以来就已闻名于世的高山。

　　虽然从山谷底部的道路上就能看见罗布森山，但它其实是一座地理位置偏远的高山。徒步者如果要到达伯格湖（海拔1653米），并进入穿行于罗布森山的冰川，就必须沿着一条看似没有尽头的小路徒步8个小时，途中可以欣赏到金尼湖和许多壮观的瀑布景观。在这条小路及公园的其他通道上，还能遇到鹿、野山羊、驼鹿、黑熊和灰熊等动物。

　　1886年，随着从大平原到温哥华的铁路竣工，火车第一次穿越了落基山脉，罗布森山才迎来第一个登山者，这种情况与加拿大西部的其他高山一样。除了运输货物，加拿大太平洋铁路（Canadian Pacific Railway）还旨在发展旅游业。为了达到这个目的，加拿大政府建造了许多旅店，并邀请登山界名人，如爱德华·温珀和诺曼·科利，以及瑞士和奥地利优秀的高山登山向导来到加拿大。然而，首次真正尝试攀登罗布森山的人是加拿大牧师乔治·金尼，他声称自己在1909年成功登顶罗布森山，但后来证实他撒谎了。直到1913年，加拿大登山家艾伯特·麦卡锡

和威廉·福斯特（后来也征服了洛根山）在奥地利登山向导康拉德·卡因的陪同下，越过巨大而危险的冰塔林及陡峭的冰坡（期间卡因凿出了600级台阶），成功登顶罗布森山。

由于罗布森山的岩石易碎，在随后的几十年间，罗布森山上重要的登山路线几乎都是在冰上开辟的，起始于无尽的皇帝岭及其附近几乎垂直的皇帝峰陡壁。而西南山脊的攀登路线更长，大部分为岩石路线，需爬升3048米才能到山顶。

**P238-239**
罗布森山易碎的西壁覆盖着一个巨大的冰盖,俯瞰着连接贾斯珀和韦尔芒特的耶洛黑德公路。

**P239 下**
从伯格湖一侧可以看到皇帝岭的雪檐和岩石塔,以及皇帝峰陡壁上带有冰纹的岩石。

# Mount St. Helens & Mount Rainier

# 圣海伦斯火山和雷尼尔火山
美国

美国
UNITED STATES

雷尼尔火山
Mount Rainier▲

圣海伦斯火山
Mount St. Helens▲

喀斯喀特山脉

Cascade Range

太平洋
PACIFIC OCEAN

0    25k

**P240和P241 上**
壮观的雷尼尔火山俯瞰着西
雅图和皮吉特海湾。这座火
山坐落在雷尼尔山国家公园
的腹地，是27条冰川的源
头。每年都会有数千名登山
家攀登这座火山。

**P241 下**
圣海伦斯火山的锥形火山口
晨雾缭绕。这座火山坐落在
北纬48°处，位于美国寒冷
的西北角，已经活跃了约4
万年。

1980年5月18日，美国华盛顿州境内的圣海伦斯火山发生了一次极为恐怖的喷发。根据地震学家的记录，当日上午8点32分发生了一次剧烈的地震，导致圣海伦斯火山喷发，在15秒后，圣海伦斯火山的北壁塌陷，并将其内部积蓄的压力全部释放出来。

圣海伦斯火山喷发的威力相当于投放到广岛的原子弹威力的500倍，喷发过程中还向空气中释放了大量的气体、水蒸气和火山灰。燃烧的气体云以大约300千米/时的速度向北移动，烧毁了数十平方千米的森林。在短短一天内，圣海伦斯火山的海拔从2949米下降到2550米，其顶峰变

成了一个宽约3.2千米、深达700米的火山口。虽然在圣海伦斯火山附近没有大的城镇，但这次火山喷发仍然摧毁了300座房屋，致使61人遇难。

　　自圣海伦斯火山喷发后，火山学家仔细研究了燃烧气体云的动态。与公元79年摧毁庞贝古城的火山喷发一样，圣海伦斯火山的喷发物呈碎屑状。维苏威火山和其他邻近居民区的火山在未来也可能以这种形式喷发。

　　人们在很久以前就已知晓圣海伦斯火山与雷尼尔火山、拉森峰和胡德山（分别高耸于华盛顿州、俄勒冈州和加利福尼亚州北部的森林和湖泊之上）的火山属性。事实上，美洲原住民将圣海伦斯火山称为"Loowit"，意为"火的守护者"。火山学家推测圣海伦斯火山在过去的4500年

间有20个活跃期，1900年喷发的剧烈程度与1980年相当。而拉森峰在1914—1917年喷发了392次。

然而，火山喷发只是这些美国西部的"火焰山"的特性之一，这些火山的顶峰在一年中的绝大多数时间都为积雪覆盖。18世纪末，英国探险家乔治·温哥华上校首次发现了这些火山，现在这些火山已成为美国西北部居民居住地的背景之一。在过去的150年里，这些雪峰和冰峰吸引了众多登山家的注意。

这些高山的登山史始于1853—1854年，当时《俄勒冈周刊》（*Weekly Oregonian*）的主编托马斯·德赖尔声称他首次攀登了圣海伦斯火山和胡德山。1870年，哈泽德·史蒂文斯和菲利蒙·范特伦普首次攀登了雷尼尔火山。海拔4392米的雷尼尔火山俯瞰着皮吉特湾和西雅图，目前已被划入雷尼尔山国家公园的保护范围。

如今，在胡德山和雷尼尔火山上已经开辟了数十条登山路线，每年都会迎来成百上千名登山者。相比之下，圣海伦斯火山则只能远观。

**P242-243**
目前，圣海伦斯火山的山顶已变成一个巨大的火山口，使火山的高度降低了约400米。

**P243**
圣海伦斯火山的马蹄形火山口深约700米。据估计，1980年发生的灾难性喷发移除了山上大约2832立方米的岩石。

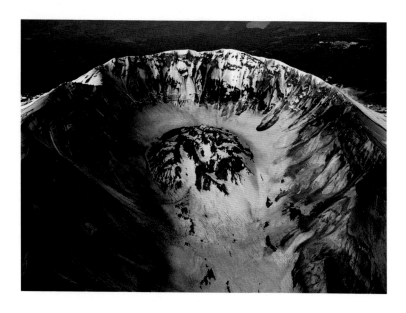

# Grand Teton

# 大蒂顿山
美国

大蒂顿山
Grand Teton ▲

美国
UNITED STATES

落基巨脉 Rocky Mountains

0    60km

　　怀俄明州的杰克逊霍尔山谷坐落在黄石国家公园中森林和温泉的南面，是北美地区最具高山特色的地区之一，吸引了众多游客。在杰克逊霍尔山谷的草场与蒂顿岭（由一名法国狩猎者命名）的欧文山、中蒂顿山和蒂温诺特山等花岗岩峰之间，分布着被茂密针叶林环绕的众多湖泊。其中，海拔4196米的大蒂顿山是蒂顿岭中最优雅的山峰，俯瞰着这一区域的其他高山。

　　尽管黄石国家公园是世界上最著名的公园，但美国的自然爱好者仍将大蒂顿国家公园视为落

**P244**
海拔4196米的大蒂顿山是
蒂顿岭的最高峰，同时也是
登山家最为向往的高山。

**P245 下**
大蒂顿国家公园内包含杰克
逊霍尔山谷的高山、湖泊和
草甸，是落基山脉和美国境
内风景最优美的区域之一。

**P245 上**
照片中，大蒂顿山呈三角形
的陡峭岩壁展现在视线远
处，一条布满岩石、积雪和
碎石的山脊将其与中蒂顿山
相连。这张照片拍摄于晚春
时节，每年的这个时候都会
有许多徒步者和登山者来到
蒂顿岭。

基山脉和美国境内风景最优美的公园之一。大蒂顿国家公园遍布湖泊、瀑布和森林，还有被古老
冰川切割而成的山谷，是黑熊、灰熊、驼鹿及多种猛禽的家园，在蒂顿岭的山脚下还经常能看到
庞大的鹿群。

　　1872年，测量员詹姆斯·史蒂文森和纳撒尼尔·兰福德宣称他们已征服大蒂顿山。但是，
当1898年威廉·欧文登顶大蒂顿山后，他对26年前的那次登顶提出了质疑：一方面，登山者当

年的记录不准确；另一方面，山顶处没有堆石界标，而那个时期的测量员即便在海拔很低的山顶也会建立堆石界标。而令人惊奇的是，在欧文登顶后的25年内，再没有登山家涉足大蒂顿山。

20世纪20年代，当常规登山路线变得流行，新一代登山家陆续在大蒂顿山的山脊和岩壁上开辟出新的登山路线。其中最大的功臣是罗伯特·昂德希尔，他在1929年与K.亨德森一起攀登了大蒂顿山极长的东山脊，1931年，他又攀登了南山脊和北山脊。20世纪30年代，大蒂顿山上开辟出一系列登山路线，通过这些路线登顶的登山家包括保罗·佩佐尔特、威利·昂索埃尔德和杰克·达兰斯，他们是第二次世界大战前后登顶乔戈里峰和珠穆朗玛峰的美国探险队的成员。

现在，只要天气晴朗，就会有高山向导带领业余登山者沿常规登山路线攀登大蒂顿山，其中有一段路线的难度达到Ⅲ级。只有少数登山者会尝试攀登那些一眼望不到头而又充满挑战性的山脊，或者是遍布于大蒂顿山的岩石和冰面上的现代登山路线。

身处大蒂顿山，无论从哪个方向眺望，都能看到一幅充满野性而又壮观的自然景象。

**P246-247**
整个冬季，杰克逊霍尔山谷的草原和森林都会被厚厚的积雪所覆盖，蒂顿岭上被冰雪覆盖的高山看起来比夏季时更显荒凉和孤寂。照片中可以看到令人敬畏的大蒂顿山及其两侧的中蒂顿山（左侧）和欧文山。

# El Capitan & Half Dome

---

# 埃尔卡皮坦山和半圆丘山
## 美国

半圆丘山
Half Dome
埃尔卡皮坦山 ▲
El Capitan ▲

内
华
达
山
脉
Sierra Nevada

美 国
UNITED STATES

太 平 洋
PACIFIC OCEAN

0     40km

世界上最陡峭、攀登难度最大的花岗岩壁坐落在美国最著名的国家公园的核心地带，俯瞰着约塞米蒂谷。约塞米蒂谷坐落在内华达山脉（将加利福尼亚州与内华达州的沙漠相隔）中，以瀑布、森林、湖泊和熊闻名于世，半个世纪以来一直吸引着全世界优秀的登山家。

埃尔卡皮坦山、半圆丘山、卡西德勒尔尖峰及其他附近高山在历经数千年冰川的磨蚀后，表面的岩石已变得非常光滑。这些高山为那些在约

**P248**
1957年在半圆丘山的西北壁上开辟的登山路线现已成为经典路线。1969年由罗亚尔·罗宾斯和唐·彼得森开辟的登山路线，绝大多数路程都需要借助器械来攀登。

**P249**
不同于夏季的炎热，默塞德河谷在冬季时会变得寒冷而荒凉。埃尔卡皮坦山的岩石和裂缝均被冰雪覆盖。

北美洲

塞米蒂谷底部沿默塞德河游览（自驾、骑行或乘公共汽车）的游客，以及沿着拥挤的公园步道徒步的旅行者提供了一幅惊奇而壮观的景象。然而，对登山者来说，约塞米蒂意味着光滑的岩层、数不清的裂缝及单调而垂直的、充满挑战性的岩石世界。

　　19世纪后半叶，当时30岁出头的约翰·缪尔发现了内华达山脉的约塞米蒂，于是在其后半生都致力于向世人展示约塞米蒂的美丽。出生于苏格兰的缪尔是一名不知疲倦的徒步者和荒野爱好者，他后来成了作家和环保主义者。在缪尔完成约塞米蒂谷中几座高山的首次攀登后（包括1869年攀登卡西德勒尔峰），美国西部地区的这片自然景观便开始在世界闻名。与此同时，随着游客的增多，缪尔开始积极地保护约塞米蒂的岩山、森林和动物。在缪尔的推动下，美国政府于1890年建立了约塞米蒂国家公园。

　　20世纪30年代初，开始有登山家攀登内华达山脉的花岗岩壁，很快他们就发现约塞米蒂谷的峰壁极具挑战性。朱尔斯·艾科恩、迪克·伦纳德和贝斯特·鲁宾逊在筹备两年后，于1934年征服了大卡西德勒尔尖峰，这是约塞米蒂谷中第一座被人类征服的山峰。

　　在第二次世界大战后，瑞士登山家约翰·萨拉瑟移居美国，研发并制造出适用于攀登约塞米蒂的钢制螺栓（欧式螺栓是用软铁制成的，用在约塞米蒂坚硬的岩石上会发生弯曲），首次登上

**P250**

一名登山家正在攀登半圆丘山的西北壁，此处距离谷底1440米。这是1957年开辟的第一条常规登山路线，需要5天才能完成，这是美国第一条难度达到VI级的登山路线。

**P251**

一名自由登山者正在攀登半圆丘山陡峭的西北壁。首次征服该壁的是罗亚尔·罗宾斯、杰里·加尔瓦斯和迈克·谢里克（1957年）。

了洛斯特阿罗峰（约塞米蒂谷中最美丽的尖峰），随后又登上了半圆丘山的峭壁。1957年，罗亚尔·罗宾斯、杰里·加尔瓦斯和迈克·谢里克历时5天，从半圆丘山陡峭的西北壁成功登顶。

事实上，当沃伦·哈丁与韦恩·梅里一起征服诺斯柱后，约塞米蒂才真正为世人所知。诺斯柱高达1200米，将约塞米蒂谷中最大、最宏伟的岩壁——埃尔卡皮坦山的岩壁一分为二。而哈丁在这次成功之前已经进行了多次尝试，并在该岩壁上停留了数周，他最初的伙伴是比尔·福伊尔和迈克·鲍威尔，但均以失败告终。

随后的数年中，罗亚尔·罗宾斯、查克·普拉塔、伊冯·乔伊纳德和汤姆·弗罗斯特等登山家在埃尔卡皮坦山上相继开辟了其他漫长而艰险的登山路线，如萨拉瑟壁路线、西扶壁路线和北美壁路线。他们常常要历经数周的磨难才能完成攀登，因此也成为无可争议的花岗岩壁攀登专家。

之后，随着每年新开辟的登山路线，也陆续有人实现了首次单人攀登和速度攀登。例如，1975年，吉姆·布里德韦尔、约翰·朗和比尔·韦斯特贝只用了不到24小时的时间就完成了诺斯柱的攀登。同时，约塞米蒂谷登山者严格的道德规范、嬉皮士风格的服装、洒脱的态度和艰苦的训练，在全世界闻名并被争相模仿。

如今，在埃尔卡皮坦山缓缓上行的登山队、在最受欢迎的道路上拥挤的游客以及谷底繁忙的交通等，都成为约塞米蒂谷的一部分景象。在巨大的岩壁背后，约塞米蒂国家公园的偏僻地区仍然像约翰·缪尔时代一样孤僻。在这里，熊和鹿享有比人类更高的权利，因为大自然才是这片区域的主宰。

# Popocatépetl & Ixtacihuatl

## 波波卡特佩特尔火山和
## 伊斯塔西瓦特尔火山

墨西哥

坎佩切湾
B. de Campeche

东马德雷山脉 Sa. Madre Oriental

伊斯塔西瓦特尔火山
Ixtacihuatl

波波卡特佩特尔火山
Popocatépetl

墨西哥
MEXICO

太平洋
PACIFIC OCEAN

0    35km

**P252**
伊斯塔西瓦特尔火山的侧面常被比作一名仰卧的女子。照片中从右往左可以看到拉斯罗迪拉斯峰（膝盖）、巴里加峰（腹部）及最高峰埃尔佩乔峰（胸部）。在埃尔佩乔峰之后是埃尔库埃罗峰（脖子）和卡贝扎峰（头部）。

**P253**
登山家正在攀登波波卡特佩特尔火山险峻的冰壁。

　　世界上著名的火山之一——波波卡特佩特尔火山海拔5465米（编者注：在中国地图出版社出版的《世界地图集》中，该山海拔为5452米），是墨西哥第二高峰，距美洲人口最密集的城市仅数千米之遥。墨西哥的最高峰奥里萨巴火山（旧称锡特拉尔特佩特火山）海拔5610米，也是一座非常著名的高山。在波波卡特佩特尔火山的北面坐落着海拔5286米的伊斯塔西瓦特尔火山，这是一座死火山。这两座火山位于波波卡特佩特尔－伊斯塔西瓦特尔国家公园（占地面积达256平方千米），公园内分布着墨西哥特有的冷杉林和松树林，栖息着白尾鹿、短尾猫和火山兔，其中火山兔属于濒危物种。

　　虽然攀登波波卡特佩特尔火山和伊斯塔西瓦特尔火山难度并不大，但前往波波卡特佩特尔火山的登山队可以选择不同难度的登山路线。有一条小路从特拉马卡斯避难所蜿蜒至火山口和北格兰冰川，为技术娴熟、装备精良的探险队提供了一条绝佳的攀登路线。

　　墨西哥的古老居民对这些火山非常熟悉。在阿兹特克人（Aztecs）的纳瓦特尔语（Nahuatl）中，波波卡特佩特尔火山意为"冒烟的高山"。自有记录以来，这座火山已经喷发了36次，但在整个20世纪，它几乎都是安静的。不过，波波卡特佩特尔火山在1994年喷发了，墨西哥政府为此颁发了禁令，并疏散了附近城镇的数千名居民。据火山学家推测，目前波波卡特

**P254和P255**
波波卡特佩特尔火山是离墨西哥首都最近的火山。1523年，征服者埃尔南·科尔特斯派遣士兵进入火山口搜集硫黄以供应火药，这是第一次有人下降到该山的火山口内部。

佩特尔火山正处于数千年来最活跃的时期。

墨西哥的"火之山"首次被载入史册是在1520年，西班牙征服者埃尔南·科尔特斯在给西班牙国王的信中写道："在距离乔卢拉8里格（旧时的长度单位，1里格约为5千米）的地方坐落着两座不可思议的高山，即使在8月底，它们的顶峰仍然被积雪覆盖着，除了雪以外什么都看不到。"科尔特斯派了几名士兵攀登波波卡特佩特尔火山，以此对特拉斯卡拉的居民施压。3年后，阿兹特克人被征服者包围，不过当时征服者的火药也将用尽，科尔特斯就派遣另一支队伍到波波卡特佩特尔火山，搜集到了50千克左右的硫黄。

虽然登上波波卡特佩特尔火山以收集硫黄是一个绝妙的想法，但是通过登山来向当地人施压则是在浪费时间。因为在一则纳瓦特尔语铭文中记述了阿梅卡梅卡的某个人在1289年登上波波卡特佩特尔火山的细节，而考古学家也在火山的斜坡上发现了好几个神龛，这表明当地人并不反对别人攀登这座山。

# 第六章
# 南美洲　　　　　SOUTH AMERICA

　　安第斯山脉是地球上最长的山脉，从加勒比海一直延伸到火地岛。从委内瑞拉到智利，安第斯山脉全长约8050千米，是众多朝向太平洋的峡谷与亚马孙平原和阿根廷潘帕斯草原的峡谷之间的分水岭。虽然与亚洲的高山相比，安第斯山脉的高山在海拔上略逊一筹（阿空加瓜山海拔6960米，是除亚洲以外的世界范围内的最高峰），但这条奇特的山脉却比喜马拉雅山脉更为丰富多彩。

　　安第斯山脉连绵不绝的山峰始于哥伦比亚的圣玛尔塔山脉，其山峰和冰川被热带雨林包围。在其东部的委内瑞拉境内，梅里达山脉俯瞰着加勒比海湛蓝的海水。在委内瑞拉、圭亚那和巴西之间的边界上耸立着造型奇特的特普伊山群（一些像桌面的高山），其周围是亚马孙河流域的热带雨林。其中，奥扬特普伊山是世界上落差最大（979米）的瀑布——安赫尔瀑布的源头。

　　而在厄瓜多尔则分布着众多火山。比如，在钦博拉索山周围耸立着科托帕希火山、卡扬贝火山、安蒂萨纳火山、通古拉瓦火山、伊利尼萨山及其他在陡峭斜坡上覆盖着冰川的火山。钦博拉索山海拔6310米，在很长一段时间里，它被认为是世界上最高的山。虽然经常有人攀登厄瓜多尔的火山，但它们很多都是活火山，周期性喷发出的火山熔岩会覆盖山脚处肥沃的峡谷。

　　在秘鲁和玻利维亚之间的高地上坐落着布兰卡山脉、瓦伊瓦什山脉以及俯瞰着的的喀喀湖和拉巴斯的孤立高山。这片高地的高山上覆盖着积雪，是南美洲风景最优美、最受欢迎的地方。阿

**P256 左**
在科托帕希火山后面可以看到钦博拉索山。

**P256 中**
帕伊内峰群的三座高峰俯瞰着太平洋海岸的峡湾，它们是巴塔哥尼亚地区最著名的山峰。

**P256 右**
余晖照亮了阿空加瓜山西壁易碎的红色岩石。

**P257**
海拔3128米的托雷峰在许多登山者心目中是世界上最美丽的花岗岩峰。

尔帕玛尤山、耶鲁帕哈峰、乔皮卡尔奇峰、万多伊峰和伊伊马尼山（玻利维亚的最高峰）等优雅的山峰环绕着布兰卡山脉的最高峰——瓦斯卡兰山（海拔6768米）。

在玻利维亚和智利的边境，一些易于攀登的孤立火山甚至比安第斯山脉的最高峰——阿空加瓜山更受欢迎。阿空加瓜山因其异常陡峭的南壁成为全球最高、最险的山峰之一。但其最著名的却是难度不大的常规登山路线，身体健康、适应性强的徒步者通过这条路线甚至能到达海拔约7010米的地方。

安第斯山脉最俊秀的岩峰坐落在更南端，其中大多数山的海拔甚至不及阿空加瓜山的一半。著名的菲茨罗伊峰、托雷峰和帕伊内峰群等海拔超过1006米的花岗岩峰从潘帕斯草原的平地和湖泊上拔地而起。在这些高山的山脚下栖息着一些珍稀的鸟类和美洲狮，天空则是秃鹫的领域。来自太平洋的暴风雨会定期冲刷高山岩石和峡谷。荒凉的南极洲在合恩角以南静静地等待着旅行者的到来。

# Cotopaxi & Chimborazo

## 科托帕希火山和
## 钦博拉索山

厄瓜多尔

安第斯山脉 Andes

科托帕希火山
▲Cotopaxi

钦博拉索山
Chimborazo▲

厄瓜多尔
ECUADOR

太平洋
PACIFIC OCEAN

0    40km

**P258**
在一个多世纪的时间里，钦博拉索山都被认为是世界最高峰。直到1879年，这座高山才被英国登山家爱德华·温珀、向导琼－安托万·卡雷尔和路易斯·卡雷尔共同征服。

**P259**
从乔斯·里巴斯避难所去往科托帕希火山口的登山路线在冰壁和冰隙之间曲折向上。这些冰隙通常很容易看到，因此并不太危险。

　　世界上最高的山峰是哪座？直到18世纪末，研究人员和探险家开始探寻高山时，欧洲人仍不知道亚洲的山脉上耸立着世界最高峰。但在当时，人们早已探索过安第斯山脉的高山。1744年，一支法国科学探险队测量出钦博拉索山的海拔为6310米，并首次尝试攀登这座高山。1802年，德国博物学家亚历山大·冯·洪堡、法国植物学家艾梅·德邦普朗和厄瓜多尔的卡洛斯·蒙图法试图攀登钦博拉索山，并到达了海拔5878米处。

　　冯·洪堡将厄瓜多尔的中央山谷称为"火山大道"，因为这里耸立着20多座火山，包括科托帕希火山（海拔5897米）、卡扬贝火山、安蒂萨纳火山和伊利尼萨山。1822年，"解放者"西蒙·玻利瓦尔也曾到达过钦博拉索山山脚。这里的冰川被雪崩冲刷，还有巨大的冰隙，使得这些高山成为专业登山者的"领地"。但事实上，直到50年后才有人首次登顶。1879年，著名登山家爱德华·温珀、马特峰登山向导琼－安托万·卡雷尔和路易斯·卡雷尔共同征服了钦博拉索山及其他8座火山，并成为登顶钦博拉索山的第一人。而在1872年，德国登山家威廉·赖斯和哥伦比亚登山家安杰尔·M.埃斯科巴尔就已完成科托帕希火山的首次登顶。

　　但厄瓜多尔的火山并不只对登山家有吸引力，其壮观的火山景象也吸引了众多前往中央山谷和基多（厄瓜多尔的首都）的游客。不过，这些火山在喷发时也常常造成严重的破坏：科托帕希火山的熔岩曾多次侵袭拉塔昆加；通古拉瓦火山在数十年来都被认为是安全的，但它在1998—1999年突然喷发，对巴尼奥斯地区造成了严重的破坏。

　　科托帕希火山所在的区域被划入了一个国家公园的保护范围内，山脚处的草原上生活着成群的小羊驼（一种像美洲驼的动物）和数十种珍稀的鸟类，还经常能看见秃鹫，而美洲狮不太常见。

钦博拉索山也被划入一个野生动物保护区的保护范围内，其景观与科托帕希火山相似。钦博拉索山和科托帕希火山雪线以上的区域仅对登山者开放，每年都有数百名登山者带着绳索、冰镐、冰钉和冰爪来到这里。有的登山家能成功登顶，但也有人因海拔高、冰隙多而失败。很少有人能意识到亚历山大·冯·洪堡的某些观点在某些方面还是有道理的：他认为由于地球是不规则的椭圆形球体，因此即使钦博拉索山的海拔比珠穆朗玛峰低了2538米，但其最高点却是距离地球中心最远的。

**P260-261**
尽管科托帕希火山的海拔比钦博拉索山低，但它仍是厄瓜多尔众多火山中最优雅的。

**P261**
钦博拉索山是一座死火山，相比之下，活跃的科托帕希火山更为危险。它曾多次喷发，熔岩从不大的火山口喷出，掠过积雪覆盖的山脊，摧毁了35千米外的拉塔昆加。

# Huascarán & Alpamayo

## 瓦斯卡兰山和
## 阿尔帕玛尤山

**秘鲁**

西科迪勒拉山脉
Cordillera Occidental

阿尔帕玛尤山
▲ Alpamayo

瓦斯卡兰山
▲ Huascarán

秘鲁
PERU

太 平 洋
PACIFIC OCEAN

0    50km

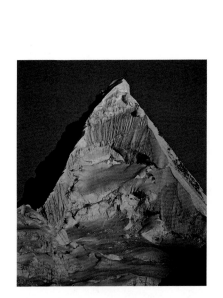

安第斯山脉中最为壮观的高山均坐落于布兰卡山脉，俯瞰着瓦伊拉斯山谷和秘鲁北部的瓦拉斯。庄严的瓦斯卡兰山（海拔6768米）是美洲地区第四高峰，在其周围耸立着一些壮丽的冰峰，包括查克拉拉久峰、乔皮卡尔奇峰和万多伊峰。不过，布兰卡山脉中最优雅的高山是海拔5947米的阿尔帕玛尤山，但当人们身处山谷底部时是看不到这座山的，它被圣克鲁斯山挡住了。

瓦斯卡兰国家公园占地面积达3400平方千米，是秘鲁最大的国家公园。公园内有663条冰川、33处遗址、112种鸟类、10种哺乳动物和779种植物，其中最典型的植物是皇后凤梨（*Puya raimondii*），这是一种巨型的凤梨科植物，高可达12米，其穗状花序上可开出20 000朵花，通常生长在海拔3810～4206米处。除了丰富的生物多样性及绝佳的风景，这里还发生过巨大的雪崩，大量的雪从峰顶冲到谷底及村庄。1970年

1908年，美国登山家安妮·佩克在瑞士高山向导彼得·陶格沃德和加布里埃尔·朱姆陶格沃德的陪同下首次登顶瓦斯卡兰北峰。

5月31日发生了一次灾难性的雪崩事件，积雪掩埋了永盖小镇，大多数居民因此遇难。

布兰卡山脉的登山史始于1908年，来自美国罗得岛州的旅行者安妮·佩克（早期的女权主义倡导者）与瓦莱高山向导彼得·陶格沃德和加布里埃尔·朱姆陶格沃德一起登上了海拔6654米的瓦斯卡兰北峰。直到1932年，一支由德国和奥地利登山俱乐部组成的探险队才首次登上瓦斯卡兰山的最高峰。该探险队的领队是菲利普·博彻斯，成员包括埃尔温·施奈德、E.海因、H.霍林、W.伯纳德、B.卢卡斯和E.金泽尔，他们曾先后攀登了布兰卡山脉的数座高山。制图师埃尔温·施奈德所绘制的布兰卡山脉的地图至今仍在使用。

第二次世界大战后，南美洲的旅游业开始对外开放，秘鲁雄伟的高山也日益受欢迎。第一名爱上科迪勒拉山脉的冰山登山家是法国的莱昂内尔·特雷，他在

南美洲

高耸而又易碎的瓦斯卡兰北峰的北壁上布满了危险的冰架，是布兰卡山脉中攀登难度最大的峰壁之一。1977年，维琴察登山家雷纳托·卡萨洛托完成了对北壁的首次攀登，这也是有史以来最伟大的一次单人攀登。

1952—1956年相继征服了万特桑山、托利拉久峰和查克拉拉久西峰。1966年，另一支由R.帕拉戈特、R.雅各布、C.杰科克斯和D.勒普林斯－兰盖组成的法国探险队攀登了瓦斯卡兰北峰的北壁。

1971年，一支美国登山队攀登了瓦斯卡兰南峰危险的东壁。但他们的壮举与雷纳托·卡萨洛托相比略显逊色——1977年，卡萨洛托耗时16天独自在瓦斯卡兰北峰的北壁开辟了一条登山路线。一年后，法国登山家兼医生尼古拉斯·耶格在瓦斯卡兰山的主峰待了55天，以完成其生理学研究项目的部分内容。

1975年，卡西米罗·费拉里带领安杰洛·佐亚、丹尼洛·博戈诺夫、皮诺·内格里、朱塞佩·卡斯泰尔诺沃和亚历山德罗·利亚蒂组成的雷格尼莱科登山队，攀登了阿尔帕玛尤山的西南壁。这座岩壁以其优美的风景和相对简单的登山路线成为安第斯山脉最受欢迎的岩壁之一。

近年来，一些斯洛文尼亚最优秀的登山家，如托莫·切森和帕夫列·科泽克，均已登顶阿尔帕玛尤山和瓦斯卡兰山；而B.洛扎、T.佩塔克和M.科瓦克也在瓦斯卡兰山的安卡什壁开辟了一条危险的新路线（该路线上有5个露营地）。

人们在布兰卡山脉的登山活动已经不只是一项休闲活动。从20世纪90年代初开始，基于马托格罗索项目（Mato Grosso Project），在慈幼会成员和意大利登山教练共同努力下，布兰卡山脉上建立了三个避难所——伊欣卡避难所、瓦斯卡兰避难所和秘鲁避难所；还建立了一所攀登学校，并相继培养了一批专业的登山向导；此外还在山谷底部的查卡斯建立了一家医院。避难所的大部分收入都被用于为村庄中贫困而年老的居民建造房屋。

# Illimani

## 伊伊马尼山

**玻利维亚**

东科迪勒拉山脉
Cordillera Oriental

玻利维亚
BOLIVIA

伊伊马尼山
▲Illimani

太平洋
PACIFIC OCEAN

0    100k

**P266**
伊伊马尼山的常规登山路线
位于该山的西壁,通常要耗
时3天,途经两个露营点。
照片中,登山家扎营的地方
可以看到伊伊马尼山的最
高峰。

**P267**
伊伊马尼山的两侧被巨大的
冰川所覆盖。南峰位于伊伊
马尼山的顶部山脊,旁边是
中央峰、北峰和印第奥峰。

    玻利维亚的高山之王——伊伊马尼山(海拔6438米)坐落在首都拉巴斯,是南美洲最受欢迎、最优雅的雪峰之一。伊伊马尼山属于玻利维亚东科迪勒拉山脉,地形极为复杂,其东面的高原是玻利维亚的中心地带,至亚马孙盆地海拔逐渐降低。

    伊伊马尼山的山顶是一道雪脊(从拉巴斯就能清楚看到),西侧是冰雪覆盖的陡峭斜坡。顶部山脊的最高点位于南峰,山脊还连接着中央峰(海拔6362米)、北峰(海拔6403米)和印第奥峰(海拔6109米)。印第奥峰曾被称为"巴黎峰",但在山顶发现早期牧羊人绳索后被重新

命名。

　　1898年，英国登山家马丁·康韦爵士在瓦尔图南什向导安托万·马奎格纳兹和路易斯·佩利西耶的陪同下从伊伊马尼山的东侧开始攀登，并在翻越印第奥峰后完成了该山的首次登顶。1940年，德国登山家R.贝彻、F.弗里茨和W.库恩所开辟的登山路线现在已成为常规登山路线。1950年，德国著名登山家汉斯·厄特尔完成伊伊马尼山主峰的首次单人攀登，并与G.施罗德一起完成了中央峰和北峰的首次登顶。1958年，一支德国登山队首次横穿了这三座高峰。

　　随后，欧洲其他国家的登山家相继为伊伊马尼山的登山史做出了贡献。其中包括J.蒙福特带领的西班牙探险队，向导科西莫·扎佩利带领的意大利探险队，以及著名法国登山家帕特里克·加巴罗（于1988年独自在伊伊马尼山南壁开辟了一条高难度的登山路线）。但对这座高山贡献最大的登山家是另一名法国人阿兰·梅西利，他曾独自一人，也曾带领探险队，在伊伊马尼山陆续开辟了多条新的登山路线。

　　尽管伊伊马尼山上仍有很多可探索的空间，但目前大多数探险队都会选择1940年的登山路线。该路线始于蓬特·罗托矿场，会经过两个露营点。通常人们会远离伊伊马尼山的北壁，一方面是因为1938年一架飞机在此撞毁；另一方面是因为这里有可能是运输黄金的路线，玻利维亚士兵曾数次对靠近这片区域的登山家开火。

除了高海拔，登山家在攀登伊马尼山时所面临的
主要障碍是冰壁和巨大的裂隙。照片所示是位于常
规登山路线数米外的冰塔。

# Aconcagua

# 阿空加瓜山

阿根廷

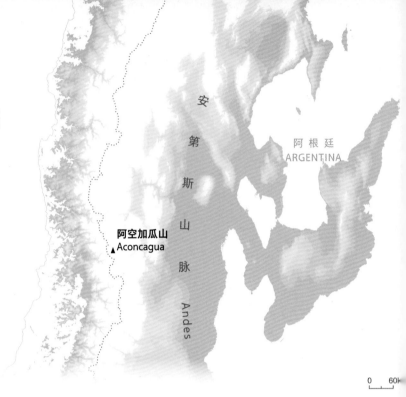

安第斯山脉 Andes

阿根廷 ARGENTINA

阿空加瓜山 ▲ Aconcagua

太平洋 PACIFIC OCEAN

0    60k

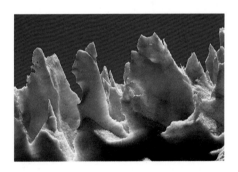

**P270**
阿空加瓜山及其相邻高峰在欣赏者和拍照者的眼中都很优雅，但其严酷的环境也阻挡了徒步者和登山者的步伐。照片中的冰峰耸立在阿空加瓜山西壁山脚处的奥尔科内斯冰川上。

**P271**
阿空加瓜山巨大的南壁高2.4千米、宽超过4.8千米，是世界上最高、最壮观的峰壁之一。

　　巨大的安第斯山脉是阿根廷乃至整个美洲大陆的屋脊，而海拔6960米的阿空加瓜山是亚洲以外的山脉中唯一一座海拔接近7000米的高山，也是赤道以南地区及西半球的最高峰。阿空加瓜山巨大的南壁高2.4千米、宽超过4.8千米，是世界上最高、最难攻克的岩壁，可与珠穆朗玛峰的东壁和安纳布尔纳峰的南壁相媲美。然而阿空加瓜山的西壁却是极易攀登的碎石坡，每年都会有数以千计的登山者试图攀登。但是较高的海拔以及登山时体能的消耗意味着只有很少一部分登山家能成功登顶。

　　在连接阿根廷的门多萨与智利的圣地亚哥的公路上就可以看到阿空加瓜山。革命领袖何

**南美洲**

塞·德·圣马丁曾于1817年环行阿空加瓜山，查尔斯·达尔文也曾在远处观察过它。1897年，玫瑰峰登山向导马赛尼斯·楚布里根成功登顶阿空加瓜山。直到1952年，法国登山家勒内·弗莱特、卢西恩·贝拉迪尼、阿德里安·达戈里、埃德蒙·丹尼斯、皮埃尔·勒叙厄尔、罗伯特·帕拉戈特和盖伊·波利特才首次攀登阿空加瓜山的南壁并成功登顶。1974年，蒂罗尔登山家莱因霍尔德·梅斯纳独自开辟了一条新的登山路线，该路线与法国登山家所开辟的路线有1000米的差异。在接下来的几十年间，法国、阿根廷和斯洛文尼亚的登山家相继开辟了其他难度很大的登山路线。

而阿空加瓜山不只吸引了登山家。它位于一个面积达712平方千米的省级公园内，公园里经常能看到美洲狮和秃鹫。雁类及其他候鸟会在公园入口处的奥尔科内斯湖周围集群活动。受海拔的影响，该地区的植物群有草本植物和多肉植物，此外还有种类繁多的地衣等。16世纪中期，被征服者皮扎罗赶出秘鲁的瓦尔佩斯印加人（Huarpes Inca）在阿空加瓜山的山脚处定居。他们将该山命名为"Aconcáhuac"，意为"石之守卫"，并将其对该山的残酷崇拜留在了西山脊上。1985年夏季，两名登山者在海拔5502米的陡峭石壁下发现了一具9岁男孩的木乃伊。这个男孩要么是被当场杀死，要么是被捆绑直到死亡。在今天看来，这种仪式是极为残忍的，但对前哥伦布时期生活在安第斯山脉的种族而言，牺牲最心爱的人是祈求神灵保护的最佳方式。

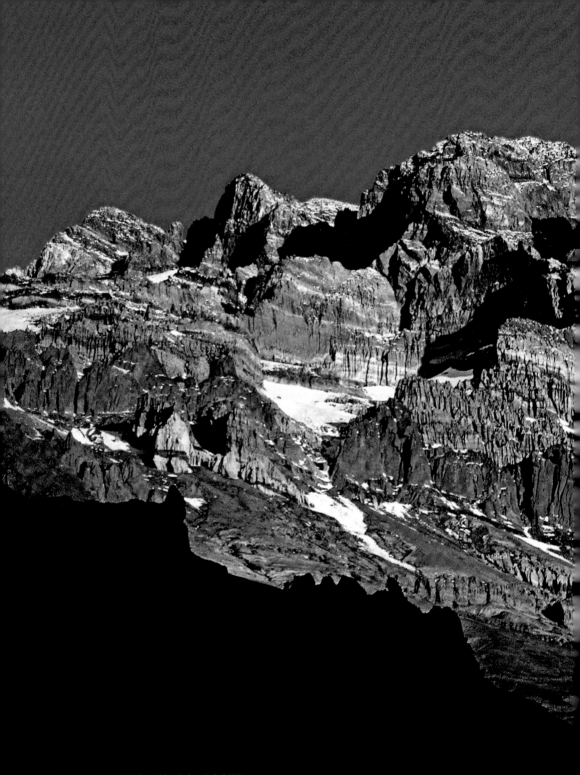

阿空加瓜山的西壁陡峭、易碎且复杂，有许多深深的沟壑。在西壁上已开辟了数条登山路线，几乎所有的路线都是由阿根廷登山队开辟的。由于西壁海拔高、落差大（近1525米），因此这些登山路线虽然难度不大，但仍极具挑战性。

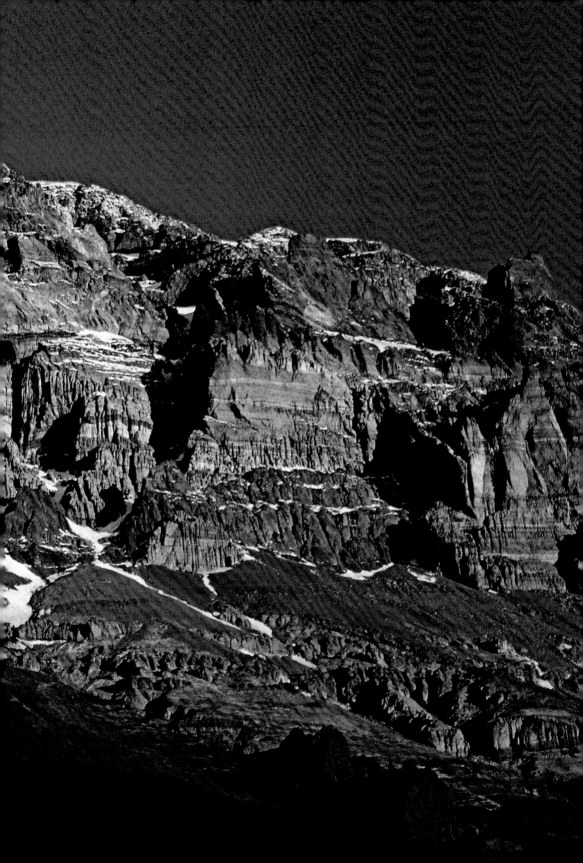

阿空加瓜山西壁最陡峭的部分俯瞰着穆拉斯广场。

# Cerro Torre & Fitzroy

## 托雷峰和菲茨罗伊峰

阿根廷—智利

太平洋
PACIFIC OCEAN

智利
CHILE

菲茨罗伊峰
▲ Fitzroy
托雷锋
Cerro Torre

阿根廷
ARGENTINA

Patagonian Mountains

0 ___ 40k

**P276**
清晨的阳光使托雷峰、托雷埃格峰（海拔2987米）和斯坦德哈尔特峰（海拔2650米）等花岗岩峰显得更为壮观。

**P277**
托雷峰的东壁高约1006米，俯瞰着托雷冰川和托雷湖。

南美洲

在阿根廷巴塔哥尼亚地区的巴塔哥尼亚南部冰原（是阻挡太平洋风暴的屏障）与巴塔哥尼亚高原（向东可一直延伸到大西洋）之间，耸立着两座著名的花岗岩高山——菲茨罗伊峰（海拔3441米）和托雷峰（海拔3128米）。在这两座高山周围还耸立着如林的高山，包括阿德拉峰、托雷埃格峰、斯坦德哈尔特峰、阿古哈角峰和皮尔乔治峰等。在靠近大西洋一侧，这些高山被壮观的冰川所包围，包括格兰德冰川、彼得拉斯布兰卡斯冰川和马科尼冰川等，冰川向下延伸到干旱草原以及一些常年被风侵袭的大型湖泊。高山、冰川和湖泊形成一幅壮观的景象。这片区域与佩里托莫雷诺冰川一样都处在阿根廷冰川国家公园的保护范围内，是秃鹫、美洲狮、原驼（一种与美洲驼类似的动物）和大美洲鸵（一种与小鸵鸟类似的奇怪鸟类）等动物的家园。登山的小路要穿过由巴塔哥尼亚特有的南青冈属植物所组成的奇异森林，比如矮南青冈（*Nothofagus pumilio*）和南青冈（*Nothofagus antarctica*）。

虽然德卫尔彻人（Tehuelche，居住在阿根廷南部的印第安人）对菲茨罗伊峰非常熟悉，他们称其为"Chaltén"，意为"冒烟的高山"，但直到1834年，英国博物学家查尔斯·达尔文才首次记录了这座巴塔哥尼亚地区的最高峰。达尔文以"小猎犬"号（HMS Beagle）的船长罗伯特·菲茨罗伊的名字来命名该山，因为他是得益于船长和"小猎犬"号才能完成这次环游世界的航行。20世纪30年代，慈幼会传教士及博物学家阿尔贝托·玛丽亚·德阿戈斯蒂尼神父对菲茨罗伊峰的山谷和冰川进行了首次勘探。

　　这片区域最早的殖民者来自斯堪的纳维亚，他们乘坐马车长途跋涉到达牧场。其中一些殖民者对这片荒野的勘探做出了重要的贡献，如挪威人霍尔沃森和丹麦人安德烈亚斯·马德森。直到1952年，法国登山家莱昂内尔·特雷和吉多·马戈诺尼首次攀登了菲茨罗伊峰，意味着登山运动首次出现在巴塔哥尼亚地区的花岗岩峰上。

向西往智利的方向，托雷峰的花岗岩峰及其附近的高峰俯瞰着冰原上被积雪覆盖的高原，这是除极地外世界上面积最大的冰原。

托雷峰的登山史始于1958年，当时一支特伦蒂诺探险队与一支伦巴第探险队在托雷峰的山脚处相遇，之后他们选择了不同的峰壁进行攀登。结果，特伦蒂诺探险队的领队布鲁诺·德塔希斯禁止成员（包括切萨雷·梅斯特里）攀登托雷峰，但沃尔特·博纳蒂和卡洛·莫里仍冒险前往冰原，并攀登了托雷峰的西壁，最终以失败告终。1959年，梅斯特里与蒂罗尔登山家托尼·埃格一起回到了托雷峰。他们在与逆境和恶劣天气奋战数天后，埃格在一次雪崩中遇难，随后梅斯特里在下撤的最后一段双绳处掉到了一座冰川中，两天后塞萨里诺·法瓦救了他。梅斯特里在恢复后，详细地讲述了他和埃格登顶的过程，以及在下撤时雪崩"吞没"了他的同伴。这次攀登就这样被载入托雷峰的登山史中。

然而在随后的数年间，登山界有越来越多人开始质疑这次登顶的真实性。1970年，为了回应那些质疑，梅斯特里重返托雷峰，并开辟了一条新的登山路线，并在途中放置了数百枚螺钉，

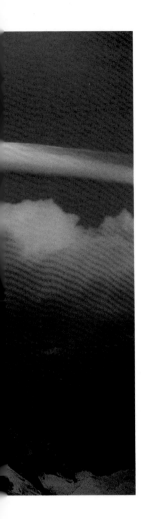

却在山顶下方止步。1974年，雷格尼莱科登山队的4名成员——卡西米罗·费拉里、马里奥·康蒂、丹尼尔·恰帕和皮诺·内格里从托雷峰朝向冰原的一侧登顶。2005年，阿根廷登山家罗兰多·加里波蒂、意大利登山家埃尔曼诺·萨尔瓦泰拉（不仅完成了托雷峰的首次冬季登顶，还开辟了几条新的登山路线）和亚历山德罗·贝尔特拉米想要沿着1959年梅斯特里和埃格的（假定的）登山路线攀登，却没有发现任何攀登过的痕迹。至此，对梅斯特里和埃格的攀登事件的争议似乎得到了解决。

人们太过热衷于讨论梅斯特里和埃格的登顶事件，忽视了托雷峰和菲茨罗伊峰上其他数十条非凡的登山路线。而这些路线都是登山家历尽艰辛，耗费数周、数月甚至数年才取得的成果。其中值得一提的路线有：超级卡纳莱塔路线（1965年）、加利福尼亚路线（1968年）和菲茨罗伊峰北北东柱的卡拉罗托路线（1978年），以及东柱的埃尔科拉松路线（1992年）；托雷峰的斯洛文尼亚路线（1986年）和南因芬尼托路线（1995年由埃尔曼诺·萨尔瓦泰拉开辟）。

**P280-281**
托雷峰的登山史存在着一个谜题：1959年特伦蒂诺登山家切萨雷·梅斯特里和蒂罗尔登山家托尼·埃格共同攀登了托雷峰，后者在登山途中不幸遇难。

**P281**
照片左侧是托雷峰，右侧是菲茨罗伊峰。这是一个由岩石、冰川、南青冈树林和湖泊共同组成的童话般的世界。

# Torres del Paine

# 帕伊内峰群
## 智利

巴塔哥尼亚山脉
Patagonian Mountains

智利
CHILE

帕伊内峰群
Torres del Paine

太平洋
PACIFIC OCEAN

0　30km

**P282**
格雷湖是帕伊内塔国家公园众多湖泊之一，蓝色的浮冰漂在湖面上。格雷湖由格雷冰川补给，这座冰川一直延伸到帕伊内峰群的东部。

**P283**
位于帕伊内峰群西角的大帕伊内峰是最高峰，海拔达3050米。大帕伊内峰所处的位置偏远，长期受风暴侵袭，阳光也很少能遍洒整座高山。

　　从太平洋而来的强风无休止地吹拂着智利巴塔哥尼亚地区最美丽的一些高峰，这些高峰俯瞰着位于纳塔莱斯港的峡湾与阿根廷边界之间的格雷湖、萨缅托湖、诺登舍尔德湖和佩霍湖。1943年，巴塔哥尼亚专家及登山家阿尔贝托·玛丽亚·德阿戈斯蒂尼神父曾这样描述帕伊内峰群："这是巴塔哥尼亚山脉中最宏伟的高山群。"在看到位于塔峰群中央地带的三座花岗岩峰——南峰、中央峰和北峰之前，那些从南美洲潘帕斯草原和边境走来的登山家首先看到的是冰峰和岩峰。冰川、冰沟和雪檐使大帕伊内峰和巴里洛切峰看起来就像秘鲁安第斯山脉上那些海拔

达6000米的高山。奎尔诺斯峰的奇特轮廓在佩霍湖的映衬下显得尤为突出。如果想要到达俯瞰着沙土高地和冰川的南峰（海拔2500米）、中央峰（海拔2460米）和北峰（海拔2260米）的山脚下，必须穿过密布南青冈的阿森乔河谷。

根据德阿戈斯蒂尼神父的著作中的描述，首次攀登帕伊内群峰的是意大利登山家。1957年，5名瓦莱达奥斯塔向导首次登顶大帕伊内峰。1963年，英国登山家克里斯·博宁顿和唐·威兰斯"击败"了特伦蒂诺-伦巴第探险队，率先登顶中央峰（三座高峰中最纤细的高峰）。几周后，阿曼多·阿斯特、瓦斯科·塔尔多、乔斯夫·阿亚齐、卡洛·卡萨蒂和南多·努斯德奥征服了南峰，并将该峰奉献给德阿戈斯蒂尼神父。接下来的数年内，来自阿根廷、智利、新西兰和美国的登山队也相继开辟出一些伟大的登山路线。

帕伊内峰群周围的景观非凡，其属于帕伊内塔国家公园的保护范围，这座国家公园占地面积达1813平方千米。太平洋的风把公园里最大的格雷冰川的碎冰吹向格雷湖的岸边。在最隐蔽的山谷中，密布着美丽而神秘的南青冈树林。草原上有成群的原驼以及奔跑速度很快、类似鸵鸟的大美洲鸵，沙土上可以发现美洲狮的足迹，天空中秃鹫在翱翔。正如巴勃罗·内鲁达所说："没有到过智利森林的人无法真正了解地球。"

---

**P284-285**
帕伊内峰群（从左到右依次为南峰、中央峰和北峰）是智利巴塔哥尼亚地区最壮观的花岗岩峰。

奎尔诺斯峰的基部岩性是花岗岩，往上变为深色的
火山岩。该峰俯瞰着帕伊内塔国家公园最受欢迎的
区域。

# 地理名词中外对照表

# Geographical names in Chinese and foreign language

**A**

阿布鲁齐山脊路线 Abruzzi Ridge Route

阿德拉峰 Cerro Adela

阿迪杰河谷 Adige Valley

阿迪朗达克山脉 Adirondacks

阿杜瓦 Adwa

阿尔巴 Alba

阿尔卑斯山脉 Alps

阿尔夫峰 Piz Alv

阿尔贾泽夫营地 Aljazev Dom Refuge

阿尔帕玛尤山 Alpamayo

阿尔托峰 Campanile Alto

阿尔沃河谷 Arve Valley

阿格里真托 Agrigento

阿古哈角峰 Aguja Poincenot

阿哈加尔高原 Ahaggar

阿加德兹 Agadez

阿杰尔高原 Tassili n'Ajjer

阿克拉加斯 Acragas

阿空加瓜山 Aconcagua

阿拉尼亚 Alagna

阿拉皮莱斯山 Mt. Arapiles

阿莱盖 Alleghe

阿莱盖峰 Torre d'Alleghe

阿莱奇冰川 Aletsch Glacier

阿莱奇峰 Aletschhorn

阿勒山 Mount Ararat

阿里亚雷特干谷 Oued Ariaret

阿列维峰 Punta Allievi

阿鲁沙 Arusha

阿马达布朗峰 Ama Dablam

阿梅卡梅卡 Amecameca

阿塞克雷姆山 Assekrem

阿森乔河谷 Rio Ascencio Valley

阿斯加德山 Mount Asgard

阿斯科莱 Askole

阿斯普罗蒙特山 Aspromonte

阿斯图里亚斯自治区 Asturias

阿特拉斯山脉 Atlas Mountains

阿西尼博因山省立公园 Mt. Assiniboine Provincial Park

阿亚斯峡谷 Ayas Valley

阿伊尔高原 Massif de l'Aïr

埃尔弗罗伊德峰 Ailefroide

埃尔卡皮坦山 El Capitan

埃尔库埃罗峰 El Cuello

埃尔佩乔峰 El Pecho

埃尔斯沃思山脉 Ellsworth Mountains

埃尔西纳湖 Lake Ercina

埃克兰冰川 Glacier des Écrins

埃克兰国家公园 Écrins National Park

埃克兰山 Barre des Écrins

埃里伯斯火山 Mt. Erebus

埃琳娜峰（勃朗峰）Punta Elena

埃琳娜峰（鲁文佐里山）Elena

埃默拉尔德冰斗湖 Emerald Tarn

埃斯诺伦山脊 Eisnollen

埃特纳火山 Etna

埃维劳峰 Averau

艾伯特峰 Albert Peak

艾格尔山 Eiger

艾吉耶山 Mont Aiguille

爱国者山 Patriot Hills

安博塞利国家公园 Amboseli National Park

安第斯山脉 Andes

安蒂萨纳火山 Antisana

安赫尔瀑布 Angel Falls

安卡什壁 Ancash Face

安纳布尔纳 I 峰 Annapurna I

安纳布尔纳 II 峰 Annapurna II

安纳布尔纳 III 峰 Annapurna III

安纳布尔纳 IV 峰 Annapurna IV

安纳布尔纳保护区 Annapurna
　　Conservation Area

安纳布尔纳峰 Annapurna

安纳布尔纳南峰 Annapurna South

安佩佐 Ampezzo

安扎斯卡峡谷 Anzasca Valley

奥伯拉尔冰川 Oberaar Glacier

奥尔科内斯冰川 Horcones Glacier

奥尔科内斯湖 Horcones Lagoon

奥尔特·阿·姆威林通道 Allt
　　a'Mhuillin

奥弗洛德山 Mt. Overlord

奥兰峰 Olan

奥林波斯国家公园 Olympus
　　National Park

奥林波斯山 Mount Olympus

奥龙佐 Auronzo

奥龙佐河谷 Auronzo Valley

奥伦吉山 Aorangi

奥特莱斯山 Mount Ortles

奥扬特普伊山 Auyantepui

奥尤伊图克国家公园 Auyuittuq
　　National Park


**B**

巴迪勒峰 Piz Badile

巴蒂安山 Batian

巴尔干山脉 Balkans

巴尔托洛冰川 Baltoro Glacier

巴尔托洛教堂峰 Baltoro
　　Cathedrals

巴伐利亚 Bavarian

巴芬岛 Baffin Island

巴兰科山谷 Barranco Valley

巴里加峰 La Barriga

巴里洛切峰 Cerro Bariloche

巴尼奥斯 Baños

巴索峰 Campanile Basso

巴塔哥尼亚南部冰原 Hielo
　　Patagonico Sur

巴塔哥尼亚山脉 Patagonian
　　Cordillera

巴彦科尔峰 Bayankol Peak

白吕契嫩河谷 Weisse Lutschine
　　Valley

拜朱峰 Paiju Peak

班夫国家公园 Banff National Park

半圆丘山 Half Dome

邦达斯卡峡谷 Bondasca Valley

邦多 Bondo

鲍伊岭 Bowie Ridge

卑尔根 Bergen

北峰（帕伊内峰群）North Tower

北峰（伊伊马尼山）North Peak

北格兰冰川 Gran Glaciar Norte

北喀斯喀特国家公园 North
　　Cascades National Park

贝尔尼纳峰 Piz Bernina

贝尔尼纳山口 Bernina Pass

贝尔韦代雷冰川 Belvedere Glacier

贝格冰川 Berg Glacier

贝克山 Mount Baker

贝卢诺 Belluno

贝尼 Beni

贝唐普斯营地 Bétemps Hut

贝西萨哈尔 Besi Sahar

本内维斯山 Ben Nevis

本栖湖 Motosu-ko

比安科山 Biancograt

比奥纳塞峰 Aiguille de
　　Bionnassay

比雷坦蒂 Birethanti

比利牛斯山脉 Pyrenees

比利亚维西奥萨 Villaviciosa

比奇峰 Bietschhorn

彼得拉斯布兰卡斯冰川 Piedras
　　Blancas Glacier

冰川国家公园 Los Glaciares
　　National Park

冰海冰川 Mer de Glace

波波卡特佩特尔火山 Popocatépetl

波波卡特佩特尔 - 伊斯塔西瓦特尔
　　国家公园 Popo-Ixta National
　　Park

波多伊山口 Pordoi Pass

波峰 Cima di Bo

波卢克斯峰 Pollux

伯德里纳特神庙 Badrinath shrine

伯尔尼 Berne

伯尔尼山 Bernese Alps

伯格湖 Berg Lake

勃朗冰川 Glacier Blanc

勃朗峰 Mont Blanc

博凯路线 Via delle Bocchette

博克拉湖 Lake Pokhara

博克拉盆地 Pokhara Basin

博希尼 Bohinj

不列颠群岛 British Isles

布加布斯山 Bugaboos

布久库湖 Lake Bujuku

布久库山谷 Bujuku Valley

布莱特峰 Breithorn

布兰卡山脉 Cordillera Blanca

布兰奇河谷 Vallée Blanche

布兰奇-珀特雷峰 Aiguille Blanche de Peuterey

布兰斯科姆冰川 Branscomb Glacier

布兰斯科姆山脊 Branscomb Ridge

布朗什峰 Dent Blanche

布勒伊 Breuil

布里恩茨湖 Lake Brienz

布里扬松 Briançon

布伦科盖尔山 Brennkogel massif

布伦塔多洛米蒂山 Brenta Dolomites

布伦塔峰 Torre di Brenta

布伦塔河谷 Brenta Valley

布伦塔山 Brenta massif

布伦瓦尖坡 Brenva Spur

布洛阿特峰 Broad Peak

布萨扎峰 Busazza

布温迪保护区 Bwindi Reserve

布尤库山谷 Buyuku Valley


**C**

采尔马特 Zermatt

查尔斯·英格利斯·克拉克避难所 Charles Inglis Clark Hut

查卡斯 Chacas

查克拉拉久峰 Chacraraju

查克拉拉久西峰 Chacraraju Oeste

查亚峰 Puncak Jaya

楚布里根山脊 Zurbriggen Ridge

川口峰群 Trango Towers


**D**

达马万德山 Demavend

达尚峰 Ras Dashen

达乌达山 Daouda

大川口峰 Great Trango Tower

大蒂顿国家公园 Grand Teton National Park

大蒂顿山 Grand Teton

大峰（三大峰）Cima Grande

大格洛克纳山 Grossglockner

大吉岭 Darjeeling

大教堂峰 Grand Cathedral

大卡普辛山 Grand Capucin

大卡西德尔尖峰 Higher Cathedral Spire

大帕拉迪索山 Gran Paradiso

大帕伊内峰 Paine Grande

大平原（加拿大—美国）Great Plains

大若拉斯山 Grandes Jorasses

大特罗尔峰 Store Trolltind

大托尔峰 Great Tower

大韦内迪格山 Gross Venediger

大维尼尔峰 Gran Vernel

大卫-歌利亚路线 David and Goliath Route

大雾山 Great Smoky Mountains

大泽布鲁山 Gran Zebrù

戴尔·艾德勒路线 Via dell'Ideale

戴维营 Camp David

道拉吉里峰 Dhaulagiri

德加斯帕里峰 Cima De Gaspari

德肯冰川 Decken Glacier

德拉肯斯山脉 Drakensberg Mountains


**E**

鳄鱼峰 Dentdu Crocodile

恩戈罗恩戈罗火山口 Ngorongoro

德赖平原 Tarai plain

德里 Delhi

德里苏尔山 Trisul

德鲁峰 Aiguille du Dru

的的喀喀湖 Lake Titicaca

的里雅斯特 Trieste

的里雅斯特峰 Torre Trieste

迪博纳峰 Aiguille Dibona

迪尔格山 Carn Dearg

迪纳利山 Denali

迪斯格雷齐亚峰 Monte Disgrazia

迪翁城 Dion

迪亚米尔陆崖 Diamir face

迪亚米尔谷 Diamir Valley

蒂顿岭 Teton Range

蒂里奇米尔峰 Tirich Mir

蒂罗尔峰 Tyrolean

蒂罗尔州 Tyrolean

蒂温诺特山 Teewinot

蒂西避难所 Tissi Refuge

蒂西峰 Punta Tissi

东蒂罗尔 East Tirol

东非大裂谷 Rift Valley

东科迪勒拉山脉 Cordillera Oriental

都德科西河谷 Dudh Kosi Valley

杜富尔峰 Dufourspitze

多比亚科 Dobbiaco

多洛米蒂山 Dolomites

多洛米蒂山国家公园 Dolomiti di Ses to Natural Park

拉科特山 Montagne de la Côte

拉利贝拉 Lalibela

拉梅热山 La Meije

拉森峰 Lassen Peak

拉斯罗迪拉斯峰 Las Rodillas

拉塔昆加 Latacunga

拉托冰川 Rateau Glacier

拉瓦莱多山口 Lavaredo Pass

拉希奥特峰 Rakhiot Peak

拉佐尔山 Razor

莱科 Lecco

莱里埃湖 Lake Lérie

莱纳纳峰 Point Lenana

莱斯克里丘斯峰 Crasta dal Lej
    Scrischus

莱斯乔克斯冰川 Leschaux Glacier

兰德罗河谷 Landro Valley

兰琼喜马峰 Lamjung Himal

雷恩山口 Col Reàn

雷格尼莱科 Ragni di Lecco

雷焦卡拉布里亚 Reggio Calabria

雷纳托·卡萨洛托 Renato
    Casarotto

雷尼尔火山 Mount Rainier

雷西亚山口 Resia Pass

里蒙路线 Rimmon Route

利昂山脊 Lion Ridge

利帕里群岛 Lipari Islands

利斯冰川 Lys Glacier

利斯卡姆峰 Lyskamm

利斯山 Colle del Lys

利托霍罗 Litochoro

林瓜格洛萨滑雪道 Linguaglossa
    piste

零号沟 Zero Gully

卢克拉 Lukla

卢克纳营地 Luckner Haus

芦湖 Lake Ashi

鲁姆斯达尔山谷 Romsdal Valley

鲁帕尔壁 Rupal face

鲁斯冰川 Ruth Glacier

鲁文佐里山 Ruwenzori Range

鲁文佐里山国家公园 Ruwenzori
    Mountains National Park

路易吉萨伏依山 Mount Luigi di
    Savoia

路易斯冰川 Lewis Glacier

伦巴第区 Lombardy

伦盖火山 Ol Doinyo Lengai

罗布森山 Mount Robson

罗布森山省立公园 Mt. Robson
    Provincial Park

罗弗敦群岛 Lofoten Islands

罗卡峰 Punta Rocca

罗纳河谷 Rhône Valley

罗塞格冰川 Roseg Glacier

罗塞格峰 Piz Roseg

罗塞格酒店 Hotel Roseg

罗莎避难所 Rosa Refuge

罗什福尔峰 Aiguille de Rochefort

罗斯冰架 Rose Ice Shelf

罗斯海 Ross Sea

罗塔尔壁 Rottal

罗西山 Monti Rossi

洛布切 Lobuche

洛尔峰 Lower Peak

洛峰 Low Peak

洛根山 Mount Logan

洛凯泰利避难所 Locatelli Refuge

洛氏峰 Low's Peak

洛斯特阿罗峰 Lost Arrow

洛子峰 Lhotse

洛子夏尔峰 Lhotse Shar

落基山国家公园 Rocky Mountain
    National Park

落基山脉 Rocky Mountains


M

马德里奇山谷 Madritsch Valley

马迪河峡谷 Mardi Khola Valley

马尔加西亚佩拉峰 Malga Ciapèla

马尔莫拉达峰 Marmolada

马尔泰洛河谷 Martello Valley

马卡鲁峰 Makalu

马科尼冰川 Marconi Glacier

马库尼亚加 Macugnaga

马拉喀什省 Marrakech

马兰古路线 Marangu Route

马里 Mali

马洛亚山口 Maloja Pass

马纳斯卢峰 Manaslu

马南山谷 Manang Valley

马尼亚拉湖 Lake Manyara

马其顿 Macedonia

马切姆路线 Machame Route

马萨伊-马拉 Masai Mara

马斯扬第河峡谷 Marsyangdi
    Khola Valley

马特峰 Matterhorn

马特赖峡谷 Matrei Valley

马温齐峰 Mawenzi

马辛诺峡谷 Masino Valley

玛格丽塔峰（勃朗峰） Punta
    Margherita

玛格丽塔峰（鲁文佐里山）

Margherita Peak

玛旁雍错 Lake Manasarovar

玛夏布洛姆峰 Masherbrum

麦金德山谷 Mackinder Valley

麦金利山 Mount McKinley

麦金利山国家公园 McKinley
National Park

麦克默多站 McMurdo Base

曼加特山 Mangart

毛德皇后山脉 Queen Maud
Mountains

毛迪特峰 Mont Maudit

毛里塔尼亚 Mauritania

玫瑰峰 Monte Rosa

玫瑰峰营地 Monte Rosa Hütte

梅克内斯省 Meknès

梅里达山脉 Sierra de Mérida

梅热冰川 Meije Glacier

门多萨 Mendoza

门希峰 Mönch

蒙巴萨 Mombasa

蒙吉贝洛山 Mongibello

蒙塔焦山 Jof di Montasio

米蒂卡斯峰 Mytikas

米尔克悬崖 Milchstühl

米凯诺火山 Mikeno

米里斯蒂河峡谷 Miristi Khola
Valley

米伦 Mürren

米斯特冰川 Mist Glacier

米苏里纳湖 Lake Misurina

摩西山 Mt. Moses

莫布库山谷 Mobuku Valley

莫迪河谷 Modi Khola Valley

莫尔特拉奇冰川 Morteratsch

Glacier

默勒 – 鲁姆斯达尔郡 Møre og
Romsdal

默塞德河 Merced River

姆加欣加火山 Mgahinga

木斯塘 Mustang

穆尔西亚 Murcian

穆哈武拉火山 Muhavura

穆罕默德角海洋公园 Ras
Mohammed Marine Park

穆拉斯广场 Plaza de Mulas

穆萨山 Müsá

**N**

纳兰霍 – 德布尔内斯峰 Naranjo de
Bulnes

纳闽 Labuan

纳姆泽巴扎尔 Namche Bazaar

纳纽基 Nanyuki

纳塔莱斯港 Puerto Natales

奈利昂山 Nelion

南阿尔卑斯山 Southern Alps

南坳 South Col

南岛 South Island

南蒂罗尔 South Tyrol

南峰（勃朗峰） Aiguille du Midi

南峰（帕伊内峰群） South Tower

南峰（伊伊马尼山） South Peak

南伽峰 Nanga Parbat

南极半岛 Antarctic Peninsula

南极点 South Pole

南乔治亚岛 South Georgia Island

南森山 Mt. Nansen

南泰佐拉格山 Tezoulag Sud

楠达德维山 Nanda Devi

内布罗迪山脉 Nebrodi Mountains

内盖夫 Negev

内华达山脉 Sierra Nevada

内罗毕 Nairobi

内日山 Dôme de Neige

尼拉贡戈火山 Nyiragongo

尼泊尔喜马拉雅山脉 Nepalese
Himalayas

尼日尔 Niger

尼亚穆拉吉拉火山 Nyamulagira

努布策山 Nuptse

努瓦尔 – 珀特雷峰 Aiguille Noire
de Peuterey

努沃劳峰 Nuvolau

挪威路线 Norwegian Route

诺德坎特壁 Nordkante

诺登德峰 Nordend

诺登舍尔德湖 Lake Nordenskjöld

诺顿雪谷 Norton Couloir

诺斯柱 Nose

诺瓦火山口 Bocca Nuova

**O**

欧罗巴山 Picos de Europa

欧罗巴山国家公园 Picos de
Europa National Park

欧文山 Mt. Owen

**P**

帕尔避难所 Payer Refuge

帕拉法维 Palafavèra

帕拉维奇尼冲沟 Pallavicini Gully

帕里斯山 Pico Paris

帕鲁峰 Piz Palu

帕罗特峰 Parrotspitze

帕米尔高原 Pamirs
帕斯特泽冰川 Pasterze Glacier
帕西里亚河谷 Passiria Valley
帕伊内峰群 Torres del Paine
帕伊内塔国家公园 Torres del Paine National Park
潘迪祖凯罗峰 Pan di Zucchero
庞纳唐 Pangnirtung
佩尔莫峰 Mount Pelmo
佩霍湖 Lake Pehoé
佩里切 Periche
佩里托莫雷诺冰川 Perito Moreno Glacier
佩尼亚 Penia
佩尼亚峰 Punta Penia
佩武尔峰 Pelvoux
彭尼内山 Pennine Alps
蓬特雷西纳 Pontresina
皮埃蒙特 Piedmontese
皮尔乔治峰 Cerro Piergiorgio
皮吉特湾 Puget Sound
皮科利西马峰 Cima Piccolissima
皮亚纳山 Mt. Piana
珀特雷峰 Peuterey
普埃布拉教堂 Puebla church
普兰峰 Aiguille du Plan
普罗蒙托诺 Promontogno
普莫里峰 Pumori
普斯泰里亚河谷 Pusteria Valley

Q

齐格纳尔峰 Signalkuppe
齐勒塔尔山 Zillertal Alps
奇韦塔峰 Punta Civetta
奇韦塔山 Mount Civetta

奇韦塔山谷 Civetta Valley
乞力马扎罗山 Kilimanjaro
恰帕耶夫峰 Peak Chapayev
乔达尼峰 Punta Giordani
乔戈里峰 Qogri Feng
乔卢拉 Cholula
乔姆隆 Chomrong
乔皮卡尔奇峰 Chopicalqui
乔斯·里巴斯避难所 José Ribas Refuge
切尔维尼亚 Cervinia
切尔维诺峰 Cervino
切雷多山 Torre Cerredo
切韦达莱山 Cevedale
钦博拉索山 Chimborazo
琴切尼盖 Cen cenighe
青木原森林 Aokigahara Forest

S

萨比尼奥火山 Sabinyo
萨德尔峰 Saddle
萨伏依阿布鲁齐 Abruzzi
萨伏依冰川 Savoia Glacier
萨伏依峰 Savoia Peak
萨加玛塔峰 Sagarmatha
萨加玛塔国家公园 Sagarmatha National Park
萨克－富莱避难所 Sasc Furä refuge
萨米特莱克 Summit Lake
萨缅托湖 Lake Sarmiento
萨皮恩扎避难所 Sapienza Refuge
萨索伦戈峰 Sassolungo
萨乌音楠山 Saouinan
萨亚特·萨亚特避难所 Sayat Sayat

Refuge
塞尔森峰 Piz Scerscen
塞拉峰 Sella Peak
塞拉山口 Sella Pass
塞劳塔峰 Punta Serauta
塞伦盖蒂国家公园 Serengeti Park
塞萨洛尼基 Thessaloniki
塞斯托 Sesto
塞西亚山 Colle Sesia
塞西亚峡谷 Sesia Valley
三大峰（三峰山）Tre Cime di Lavaredo
三峰山营地 Dreizinnen Hütte
桑布鲁 Samburu
桑克蒂厄里冰斗 Sanctuary
森代约峰 Sendeyo
森蒂纳尔岭 Sentinel Range
森加洛峰 Piz Cengalo
沙巴州 Sabah
沙捞越州 Sarawak
沙莫尼 Chamonix
沙莫尼峰 Aiguilles de Chamonix
沙姆沙伊赫 Sharm el Sheikh
山中湖 Lake Yamanaka
上阿迪杰区 Alto Adige
上布伦塔峰 Brenta Alta
上萨瓦省 Haute Savoie
上苏峰 Cima Su Alto
上陶恩山国家公园 Hohe Tauern National Park
尚加邦峰 Changabang
尚索尔盆地 Champsaur Basin
少女峰 Jungfrau
少女峰站 Jungfraujöch
圣地亚哥 Santiago

托木尔峰 Tomur Feng

托萨峰 Cima Tosa

# 人名中外对照表

# People's names in Chinese and foreign language

**A**

A.W. 穆尔 A.W. Moore

阿道夫 · 舒尔茨 Adolf Schulze

阿德里安 · 达戈里 Adrien Dagory

阿蒂利奥 · 蒂西 Attilio Tissi

阿恩 · 兰德斯 · 希恩 Arne Randers Heen

阿尔贝托 · 拉巴达 Alberto Rabada

阿尔贝托 · 玛丽亚 · 德阿戈斯蒂尼 Alberto Maria De Agostini

阿尔比诺 · 米歇尔利 Albino Michielli

阿尔宾 · 谢尔伯特 Albin Schelbert

阿尔迪托 · 德西奥 Ardito Desio

阿尔维斯 · 安德里克 Alvise Andrich

阿方索 · 文奇 Alfonso Vinci

阿兰 · 梅西利 Alain Mesili

阿曼多 · 阿斯特 Armando Aste

阿奇里 · 科帕哥诺尼 Achille Compagnoni

阿什拉夫 · 阿曼 Ashraf Aman

埃德 · 巴里利 Ed Barrill

埃德蒙 · 丹尼斯 Edmond Denis

埃德蒙 · 希拉里 Edmund Hillary

埃尔曼诺 · 萨尔瓦泰拉 Ermanno Salvaterra

埃尔南 · 科尔特斯 Hernán Cortés

埃尔温 · 施奈德 Erwin Schneider

埃哈德 · 罗瑞坦 Erhard Loretan

埃里克 · 希普顿 Eric Shipton

埃米尔 · 雷伊 Emile Rey

埃米尔 · 索莱德 Emil Solleder

埃米尔 · 席格蒙迪 Emil Zsigmondy

埃米利奥 · 科米西 Emilio Comici

埃托雷 · 卡斯蒂利奥尼 Ettore Castiglioni

艾伯特 · 弗雷德里克 · 马默里 Albert Frederick Mummery

艾伯特 · 麦卡锡 Albert MacCarthy

艾尔弗雷德 · 泽克 Alfred Zürcher

艾伦 · 劳斯 Alan Rouse

艾梅 · 德邦普朗 Aimé de Bonpland

爱德华 · 菲茨杰拉德 Edward Fitzgerald

爱德华 · 温珀 Edward Whymper

安德尔 · 曼哈特 Anderl Mannhardt

安德尔 · 罗奇 André Roche

安德烈 · 乔治斯 André Georges

安德烈亚斯 · 马德森 Andreas Madsen

安德鲁 · 欧文 Andrew Irvine

安德罗 · 赫克梅尔 Anderl Heckmair

安迪 · 考夫曼 Andy Kauffman

安东尼奥 · 苗托 Antonio Miotto

安东尼奥 · 塔弗纳罗 Antonio Tavernaro

安杰尔 · M. 埃斯科巴尔 Angel M. Escobar

安杰洛 · 迪博纳 Angelo Dibona

安杰洛 · 迪迈 Angelo Dimai

安杰洛 · 佐亚 Angelo Zoia

安妮 · 佩克 Annie Peck

安托万 · 德维尔 Antoine de Ville

安托万 · 马奎格纳兹 Antoine Maquignaz

奥利弗 · 佩里 – 史密斯 Oliver Perry-Smith

奥托 · 安普费勒 Otto Ampferer

奥托 · 席格蒙迪 Otto Zsigmondy

奥兹 Ötzi

**B**

B.卢卡斯 B. Lukas

B.罗曼诺夫 B. Romanov

B.洛扎 B. Lozar

B.斯蒂德宁 B. Studenin

巴勃罗 · 内鲁达 Pablo Neruda

巴迪斯塔·佩德兰齐尼 Battista
　　Pedranzini
巴尔万特·桑德胡 Balwant Sandhu
巴里·毕晓普 Barry Bishop
保罗·奥布里 Paul Aubrey
保罗·鲍尔 Paul Bauer
保罗·布雷思韦特 Paul Braithwaite
保罗·格罗曼 Paul Grohmann
保罗·古斯费尔德特 Paul Güssfeldt
保罗·雷利 Paul Relly
保罗·纳恩 Paul Nunn
保罗·佩尔佐尔特 Paul Petzoldt
保罗·普罗伊斯 Paul Preuss
葆拉·伯纳斯科尼 Paolo Bernasconi
贝尔莫尔·布朗 Belmore Brown
贝尼亚米诺·弗朗斯奇 Beniamino
　　Franceschi
贝斯特·鲁宾逊 Bestor Robinson
比阿特丽斯·托马森 Beatrice
　　Tomasson
比尔·登茨 Bill Denz
比尔·蒂尔曼 Bill Tilman
比尔·福伊尔 Bill Feuerer
比尔·韦斯特贝 Bill Westbay
比利·泰勒 Billy Taylor
彼得·哈伯勒 Peter Habeler
彼得·陶格沃德 Peter Taugwalder
博尔托罗·扎戈诺 Bortolo Zagonel
布拉德福德·沃什伯恩 Bradford
　　Washburn
布鲁诺·德塔希斯 Bruno Detassis

## C

C. 斯迈思 C. Smythe
C. 杰科克斯 C. Jaccoux

查尔斯·达尔文 Charles Darwin
查尔斯·赫德森 Charles Hudson
查尔斯·泰勒 Charles Taylor
查尔斯－尤金·德富科 Charles-
　　Eugène de Foucauld
查克·普拉塔 Chuck Pratta
查利·波特 Charlie Porter
查利·麦戈纳格尔 Charley
　　McGonagall

## D

D. 鲍德·博维 D. Baud Bovy
D. 勒普林斯-兰盖 D. Leprince-Ringuet
D. 汤普森 D. Thompson
达米亚诺·马林利 Damiano Marinelli
戴安·福西 Dian Fossey
戴维·考克斯 David Cox
丹尼尔·恰帕 Daniele Chiappa
丹尼洛·博戈诺夫 Danilo Borgonovo
丹尼斯·戴维斯 Dennis Davis
丹尼斯·亨尼克 Dennis Hennek
丹增·诺盖 Tenzing Norgay
道格·斯科特 Doug Scott
道格拉斯·弗雷什菲尔德 Douglas
　　Freshfield
德奥达特·德多洛米厄 Déodat de
　　Dolomieu
德拉蒙德 Drummond
迪克·伦纳德 Dick Leonard
迪诺·布扎蒂 Dino Buzzati
迪特尔·弗拉姆 Dieter Flamm
迪特里希·哈斯 Dietrich Hasse
杜格尔·哈斯顿 Dougal Haston
多梅尼科·鲁德蒂斯 Domenico
　　Rudatis

## E

多米尼克·勒普林斯－兰盖
　　Dominique Leprince-Ringuet
E.J. 斯蒂芬森 E.J. Stephenson
E. 海因 E. Hein
E. 金泽尔 E. Kinzl
E. 米斯洛夫斯基 E. Myslovski
厄恩斯特·赖斯 Ernst Reiss
恩里科·罗索 Enrico Rosso
恩里科·乔达尼 Enrico Giordani
恩培多克勒 Empedocles
恩佐·科佐利诺 Enzo Cozzolino

## F

F. 布瓦森纳斯 F. Boissonnas
F. 弗里茨 F. Fritz
F. 施瓦曾巴奇 F. Schwarzenbach
F. 沃克 F. Walker
法布里齐奥·马诺尼 Fabrizio Manoni
菲尔·斯奈德 Phil Snyder
菲利蒙·范特伦普 Philemon Van
　　Trump
菲利普·博彻斯 Philip Borchers
费迪南德·伊姆森 Ferdinand
　　Imseng
费尔南德斯·德恩西斯科
　　Fernandes de Encisco
费利斯·本努齐 Felice Benuzzi
弗兰科·珀洛托 Franco Perlotto
弗兰克·斯迈思 Frank Smythe
弗朗西克·内兹 Francek Knez
弗朗西斯·道格拉斯 Francis Douglas
弗朗西斯·福克斯·塔科特
　　Francis Fox Tuckett
弗朗西斯·扬哈斯本 Francis

Younghusband

弗朗兹·卡斯帕雷克 Franz Kasparek

弗朗兹·萨尔姆 Franz Salm

弗朗兹·施密德 Franz Schmid

弗雷达·杜福尔 Freda du Faur

弗雷德里克·库克 Frederick Cook

弗里茨·拉奇辛格 Fritz Luchsinger

弗里茨·莫拉维克 Fritz Moravec

弗里茨·施奈德 Fritz Schneider

弗里茨·威斯纳 Fritz Wiessner

弗里德·诺伊斯 Wilfrid Noyce

富尔根齐奥·迪迈 Fulgenzio Dimai

## G

G.S. 马修斯 G.S. Mathews

G. 格雷厄姆 G. Graham

G. 李 G. Lee

G. 施罗德 G. Schröder

盖伦·罗厄尔 Galen Rowell

盖伊·波利特 Guy Poulet

冈瑟·奥斯卡·迪伦弗斯 Gunther
    Oskar Dyrenfurth

冈瑟·迪伦弗恩 Günther Dyhrenfurth

冈瑟·梅斯纳 Günther Messner

戈弗雷·索利 Godfrey Solly

歌德 Goethe

格雷戈里奥·佩雷斯 Gregorio Pérez

格雷格·蔡尔德 Greg Child

古斯塔夫·莱坦鲍尔 Gustav
    Lettenbauer

## H

H. 霍林 H. Hoerlin

H. 沃克 H. Walker

H. 辛格 H. Singh

哈德良（罗马皇帝）Hadrian

哈尔福德·麦金德 Halford Mackinder

哈里·艾尔斯 Harry Ayres

哈里·卡斯滕斯 Harry Karstens

哈伦·塔兹耶夫 Haroun Tazieff

哈罗德·蒂尔曼 Harold Tilman

哈罗德·雷波恩 Harold Raeburn

哈泽德·史蒂文斯 Hazard Stevens

海尼·霍尔泽 Heini Holzer

汉斯·厄特尔 Hans Ertl

汉斯·格拉斯 Hans Grass

汉斯·卡默兰德 Hans Kammerlander

汉斯·迈耶 Hans Mayer

汉斯·威伦帕特 Hans Willenpart

汉斯·韦伯 Hans Weber

汉斯·维纳特泽 Hans Vinatzer

何塞·德·圣马丁 José de San
    Martín

赫德森·斯塔克 Hudson Stuck

赫尔曼·布尔 Hermann Buhl

赫谢尔·帕克 Hershel Parker

亨利·布罗奇赖尔 Henri Brocherel

亨利·德塞戈格内 Henri de Ségogne

亨利·莫顿·斯坦利 Henry Morton
    Stanley

霍尔沃森 Halvorsen

霍勒斯-本尼迪克特·德索绪尔
    Horace-Bénédict de Saussure

## J

J. 祖格陶格沃德 J. Zugtaugwald

J.G. 斯迈思 J.G. Smythe

J.S. 米尔恩 J.S. Milne

J. 克拉克 J. Clarke

J. 马梅特-罗斯里斯伯格 J.

Marmet-Rothlisberger

J. 麦金农 J. MacKinnon

J. 蒙福特 J. Monfort

J. 泰格兰德 J. Teigland

J. 雅贝特 J. Jabert

吉多·马戈诺尼 Guido Magnone

吉姆·布里德韦尔 Jim Bridwell

吉姆·莫里西 Jim Morrisey

吉姆·斯沃洛 Jim Swallow

吉诺·索尔达 Gino Soldà

加布里埃尔·斯佩希坦豪瑟
    Gabriel Spechtenhauser

加布里埃尔·朱姆陶格沃德
    Gabriel Zumtaugwald

加斯顿·拉布法特 Gaston Rébuffat

杰克·达兰斯 Jack Durrance

杰里·加尔瓦斯 Jerry Gallwas

金·施米茨 Kim Schmitz

## K

K. 亨德森 K. Henderson

K. 卡卡勒斯 K. Kakalos

喀比尔·布拉托基 Kabir Buratoki

卡尔·伯杰 Karl Berger

卡洛·加巴里 Carlo Garbari

卡洛·卡萨蒂 Carlo Casati

卡洛·莫里 Carlo Mauri

卡洛斯·蒙图法 Carlos Montúfar

坎迪多·贝罗迪斯 Candido Bellodis

康拉德·卡因 Conrad Kain

科斯塔斯·佐洛塔斯 Kostas Zolotas

科西莫·扎佩利 Cosimo Zappelli

克劳迪奥·扎尔迪尼 Claudio Zardini

克里斯·博宁顿 Chris Bonington

克里斯琴·阿尔默 Christian Almer

克里斯托弗·海恩兹 Christoph Hainz

克里斯托弗·普罗菲特 Christophe Profit

**L**

L.N. 帕特森 L.N. P tterson

拉尔夫·霍伊巴克 Ralph Høibakk

拉法埃莱·卡莱索 Raffaele Carlesso

莱昂纳多·夏夏 Leonardo Sciascia

莱昂内尔·特雷 Lionel Terray

莱斯·布朗 Les Brown

莱斯利·斯蒂芬 Leslie Stephen

莱瓦·谢尔帕 Lewa Sherpa

莱因霍尔德·梅斯纳 Reinhold Messner

劳伦特·佩蒂盖克斯 Laurent Pétigax

勒内·德斯梅森 René Desmaison

勒内·弗莱特 René Ferlet

雷蒙德·科奇 Raymond Coche

雷蒙德·伦宁格 Raymond Leininger

雷纳托·卡萨洛托 Renato Casarotto

雷纳托·扎努蒂 Renato Zanutti

里卡多·卡辛 Riccardo Cassin

里克·怀特 Rick White

理查德·彭德尔伯里 Richard Pendlebury

利奥·切鲁蒂 Leo Cerruti

利诺·拉塞德利 Lino Lacedelli

列奥纳多·达·芬奇 Leonardo da Vinci

卢西恩·德维斯 Lucien Devies

卢西恩·贝拉迪尼 Lucien Bérardini

鲁道夫·费尔曼 Rudolf Fehrmann

路德维希·弗尔格 Ludwig Vörg

路德维希·珀思谢勒 Ludwig Purtscheller

路易吉·阿梅迪奥 Luigi Amedeo

路易吉·埃斯波西托 Luigi Esposito

路易吉·米凯路齐 Luigi Micheluzzi

路易斯·卡雷尔 Louis Carrel

路易斯·拉什耐尔 Louis Lachenal

路易斯·佩利西耶 Louis Pellissier

罗伯特·昂德希尔 Robert Underhill

罗伯特·菲茨罗伊 Robert Fitzroy

罗伯特·帕拉戈特 Robert Paragot

罗伯特·塔特姆 Robert Tatum

罗伯特·肖尔 Robert Schauer

罗尔德·阿蒙森 Roald Amundsen

罗杰·弗里森-罗奇 Roger Frison-Roche

罗兰多·加里波蒂 Rolando Garibotti

罗亚尔·罗宾斯 Royal Robbins

洛德·哈多 Lord Hadow

洛伦茨·拉古特·查纳 Lorenz Ragut Tscharner

洛瑟·布兰德勒 Lothar Brandler

**M**

M. 祖格陶格沃德 M. Zugtaugwald

M. 波格雷贝特斯基 M. Pogrebetsky

M. 古西 M. Konishi

M. 科瓦克 M. Kovac

M. 沙利文 M. Sullivan

马丁·博伊森 Martin Boysen

马丁·康韦 Martin Conway

马尔科姆·豪厄尔斯 Malcolm Howells

马科·安吉勒里 Marco Anghileri

马里奥·康蒂 Mario Conti

马里奥·莫尔泰尼 Mario Molteni

马里奥·皮亚琴察 Mario Piacenza

马赛厄斯·楚布里根 Matthias Zurbriggen

玛格丽塔王后 Queen Margherita

玛丽·瓦拉莱 Mary Varale

迈克·鲍威尔 Mike Powell

迈克·吉尔 Mike Gill

迈克·沃德 Mike Ward

迈克·谢里克 Mike Sherrick

毛里齐奥·乔达尼 Maurizio Giordani

梅尔基奥尔 Melchior

梅尔基奥尔·安德雷格 Melchior Anderegg

米格尔·安杰尔·加莱戈 Miguel Angel Gallego

米歇尔·克罗 Michel Croz

米歇尔·皮奥拉 Michel Piola

米歇尔-加布里埃尔·帕卡德 Michel-Gabriel Paccard

摩西 Moses

莫·安托万 Mo Anthoine

莫里斯·赫佐格 Maurice Herzog

莫罗·博尔（布布）Mauro (Bubu) Bole

**N**

纳撒尼尔·兰福德 Nathaniel Langford

南多·努斯德奥 Nando Nusdeo

尼古拉斯·耶格 Nicolas Jaeger

尼诺·普利 Nino Pooli

诺埃尔·奥德尔 Noel Odell

诺顿 Norton

诺尔曼·哈迪 Norman Hardie

诺曼·科利 Norman Collie

**O**

O.D. 埃内森 O.D. Enerson

O. 伊莱亚森 O. Eliassen

欧内斯特 · 海明威 Ernest Hemingway

欧内斯托 · 纳瓦罗 Ernesto Navarro

**P**

P.J. 斯特朗 P.J. Strang

P. 阿克斯福德 P. Axford

P. 格雷厄姆 P. Graham

P. 科克 P. Koch

P. 佩塔克 T. Petac

帕夫列 · 科泽克 Pavle Kozjek

帕桑 · 达瓦 · 拉马 Pasang Dawa Lama

帕特里克 · 加巴罗 Patrick Gabarrou

帕特里克 · 莫罗 Patrick Morrow

彭巴 · 谢尔帕 Pemba Sherpa

皮埃尔 · 阿兰 Pierre Allain

皮埃尔 · 贝金 Pierre Béghin

皮埃尔 · 戴内 Pierre Dayné

皮埃尔 · 加斯帕德 Pierre Gaspard

皮埃尔 · 勒叙厄尔 Pierre Lesueur

皮埃尔 · 梅兹奥德 Pierre Mazeaud

皮诺 · 内格里 Pino Negri

皮特 · 安德森 Pete Anderson

皮特 · 博德曼 Pete Boardman

皮特 · 舍恩宁 Pete Schoening

皮特拉克 Petrarch

普里米耶罗 · 米歇尔 · 贝特加 Primiero Michele Bettega

**Q**

乔 · 布朗 Joe Brown

乔 · 布朗 Joe Brown

乔 · 塔斯克 Joe Tasker

乔格 · 莱纳 Jorg Lehne

乔斯 · 路易斯 · 加莱戈 José Luis Gallego

乔斯夫 · 阿亚齐 Josve Aiazzi

乔瓦尼 · 安德里克 Giovanni Andrich

乔瓦尼 · 奥伯托 Giovanni Oberto

乔瓦尼 · 巴勒托 Giovanni Balletto

乔瓦尼 · 格尼费蒂 Giovanni Gnifetti

乔治 · 埃佛勒斯 George Everest

乔治 · 班德 George Band

乔治 · 格拉弗 Giorgio Graffer

乔治 · 金尼 George Kinney

乔治 · 雷达埃利 Giorgio Redaelli

乔治 · 马洛里 George Mallory

乔治 · 温哥华 George Vancouver

乔治斯 · 贝滕伯格 Georges Bettembourg

切尔索 · 吉尔伯蒂 Celso Gilberti

切萨雷 · 梅斯特里 Cesare Maestri

琼 · 查纳 Joan Tscharner

琼 · 弗雷黑尔 Jean Fréhel

琼 · 库齐 Jean Couzy

琼 - 安托万 · 卡雷尔 Jean-Antoine Carrel

琼 - 马克 · 博伊文 Jean-Marc Boivin

琼 - 约瑟夫 · 卡雷尔 Jean-Joseph Carrel

**R**

R.J. 斯图尔特 R.J. Stewart

R.L. 霍尔兹沃思 R.L. Holdsworth

R.S. 麦克唐纳 R.S. Macdonald

R. 贝彻 R. Boetcher

R. 帕拉戈特 R. Paragot

R. 伍德 R. Wood

R. 雅各布 R. Jacob

R. 亚当斯 R. Adams

**S**

塞缪尔 · 巴特勒 Samuel Butler

塞缪尔 · 特莱基 · 德塞克 Samuel Teleki de Szek

塞普 · 因纳科弗勒 Sepp Innerkofler

塞萨里诺 · 法瓦 Cesarino Fava

森比 · 马森格 Thumbi Mathenge

沙克尔顿 Shackleton

斯科特 Scott

斯迈斯 Smythe

**T**

斯特凡诺 · 德贝内代蒂 Stefano de Benedetti

T. 法伊夫 T. Fyfe

塔杜兹 · 彼得罗夫斯基 Tadeusz Piotrowski

塔希 · 切旺 Tashi Chewang

塔希 · 谢尔帕 Tashi Sherpa

汤姆 · 弗罗斯特 Tom Frost

汤姆 · 朗斯塔夫 Tom Longstaff

唐 · 彼得森 Don Peterson

唐 · 佩德罗 · 皮多 Don Pedro Pidal

唐 · 威兰斯 Don Whillans

托勒密 Ptolemy

托马斯 · 德赖尔 Thomas Dryer

托莫 · 切森 Tomo Cesen

托尼 · 埃格 Toni Egger

托尼 · 金肖弗 Toni Kinshofer

托尼 · 施密德 Toni Schmid

托尼 · 斯特里瑟 Tony Streather

托尼 · 希贝勒 Toni Hiebeler

**V**

V.克里沙蒂 V. Khrishaty

书中插图系原书插图